今日からモノ知りシリーズ

トコトンやさしい

染料・顔料の本

染料と顔料は、繊維やプラスチックだけでなく、液晶ディスプレイや有機太陽電池などにも利用されるようになりました。この本では天然由来の色素、顔料と合成染料や有機顔料の違い、特長、使い方などについて、使用例もふまえてわかりやすく解説します。

中澄 博行
福井 寛 著

B&Tブックス
日刊工業新聞社

はじめに

私たちの身の回りにある生活雑貨や衣類、化粧品、電気製品、自動車など、ほとんどすべてのものが彩色されているといっても過言ではありません。社会全体が色彩豊かになったのは、つい最近のことではありますが、原始の時代から、アルタミラやラスコーの洞窟壁画にみられるように、人類は色を使って何かを表してきました。また、古文書にも、色に関する表現が多く見られることから、古くから自然に存在する色のもととなる天然色素や無機顔料が使用されていたようです。聖徳太子が冠位十二階を制定し、位を冠の色で区別したり、高松塚古墳の石室壁画に描かれた人々が極彩色の衣服をまとっていることを思えば、古代の貴人たちも天然素材を用いた美しい色彩に包まれていたのではないかと考えられます。このように、様々な用途で使われてきた染料や顔料は数千種類にも及びますが、今なお開発が続けられています。

本書では、古くから用いられていたり、近現代に新たに開発されたりした染料と顔料をトコトンやさしく解説するために、天然由来の色素や顔料と有機合成化学の技術で製造されるようになった合成染料や有機顔料の、違いや特長、使い方、実際に使用されている例などを平易な表現で1冊にまとめました。染料や顔料の全体像を把握するための入門書として見開き1ページで、大まかな内容がわかる構成となっていますので、どのページを開いていただいても、興味のある染料や顔料のことが即座に理解できるようになっています。

これまで開発されてきた合成染料や有機顔料は、繊維やプラスチックの素材の開発とともに発展してきましたが、近年、CD-RやDVD-Rなどの情報記録、テレビやタブレット端末の液晶ディスプレイなどに多くの染料や顔料が利用されるようになりました。合成染料や有機顔料が今後もこれら情報家電や先端材料分野で欠かせない材料となることから、本書では最後の章に、これら応用分野で用いられている例を数多く紹介しました。

人間の色の見え方には、染料や顔料の光吸収のように分子レベルでの理解や、顔料における分子の塊が引き起こす光散乱や干渉という視点からの理解も必要とし、実際の応用分野では、化学的、物理的な知見が求められます。本書が、染料や顔料の専門家やこれから染料や顔料を最先端技術に応用しようとする技術者の入門書としても有意義な指針となることを確信します。

内容は6章の構成になっています。第1章では、染料・顔料が彩る世界として、赤、青、黄、緑、紫、白、黒の色のイメージや使用されてきた染料や顔料について平易に解説しています。第2章では、染料・顔料とは何かについて、染料と顔料の違い、染料と顔料の基本的な性質、顔料の作り方や分散について解説しました。第3章では、衣食住を彩る役者たちとして、身近なところで使われている染料と顔料を紹介しています。第4章では、様々な繊維に使われてきた合成染料の種類とその特性について解説しました。第5章では、代表的な顔料とその扱い方として、着色顔料、金属顔料、真珠光沢顔料、蛍光・蓄光顔料などを紹介しました。第6章では、色素の機能と先端技術のなかの用途について、具体的な例を解説しました。

本書が、染料や顔料の専門家のみならず、広く色素を専門としない研究者、技術者、一般の読者の皆様方にとって、染料や顔料の体系と広がりを一望できる、有用で魅力的な入門書となることを願っております。

最後に、本書をまとめるにあたりご協力を賜りました日刊工業新聞社の木村文香様をはじめ関係者各位に感謝申し上げます。

2016年2月

中澄 博行
福井 寛

トコトンやさしい

染料・顔料の本

目次

目次 CONTENTS

第3章 衣食住を彩る役者たち

第4章 いろいろな合成染料とその特性

第5章 代表的な顔料とその扱い方

第6章 色素の機能と先端技術のなかの用途

第1章

染料・顔料が彩る世界

1 この世は色に満ちている

自然の色、人間社会の色

私たちの回りを見回してみましょう。青い空や海、赤い夕日、白い雲、虹など、これらの色は太陽の光の透過、散乱および分散によるものです。岩、石、砂などにも黄色、茶色、黒色があり、そのなかでも赤いルビー、青のサファイア、虹色のオパールなどは宝石として昔から珍重されてきました。酸化アルミニウムの1%がクロムや鉄に変わると緑、青、紫の光を吸収して赤い光になります。これがルビーです。また、オパールの色はコロイド結晶によるものです。

森や林は緑に満ちていますが、これは植物が葉緑素を使って二酸化炭素と水から糖を作っているからです。春になると咲き乱れる花の色も黄、赤、白と実に様々な色です。一方、そこに引き寄せられる昆虫の色も、モルフォ蝶の輝く青や玉虫の玉虫色まであります。魚の鱗も銀色、赤、青と色とりどりです。さらには自分の環境に合わせて色を変えるカメレオンや魚もいます。これらの生物の色は光の波長オーダーの媒質と光の相互作用、つまり干渉、回折、屈折、散乱によって生じるものが多く見られます。

人間の社会も、街にはビル、車、信号など様々な色で溢れています。また、嗜好だけではなく色には哲学性もあり、色に意味をもたせて使っている場合もあります。

「いろ白く　羽織は黒く　裏赤く　御紋は葵（青）紀伊（黄）の殿様」

これは太田蜀山人《しょくさんじん》が紀伊の殿様に会ったとき、五色の歌を詠んで欲しいといわれて作った歌です。陰陽五行では陰陽がプラスとマイナス、五行では万物組成の元素を木・火・土・金・水とし、それぞれ青赤黄白黒が対応しています。

子どもは形より先に色を認知するといわれていますが、色のインパクトは大きく色の情報は私たちに欠かせないものです。この色を出す顔料、染料、色素などの世界を見てみましょう。

要点BOX

- ●色は光の透過、散乱、干渉、回折、屈折、吸収、分散
- ●青赤黄白黒の陰陽五行説

古代中国の色と四神

色	青	赤（朱）	白	黒（玄）
方向	東	南	西	北
四神	青竜	朱雀	白虎	玄武（亀）
地政学	東に川	南に窪地	西に道	北に丘
季節	春：青春	夏：朱夏	秋：白秋	冬：玄冬

陰陽五行

色	青	赤	黄	白	黒
五行	木	火	土	金	水
方角	東	南	中央	西	北
季節	春	夏	土用	秋	冬
五味	酸	苦	甘	辛	塩
五臓	肝	心	脾	肺	腎
五根	眼	舌	身	鼻	耳
五情	怒	喜	思	愛	恐

2 赤の世界

情熱、血、紅花、柿右衛門

日本語の赤は「明るい」、黒は「暗い」が語源だといわれています。赤のイメージは、情熱的、動的、派手さ、陽気さなどで好きな人と嫌いな人が半々です。

赤は血の色です。血の色はヘモグロビンでその構成成分のヘムはポルフィリン環に鉄が入ったものです。ここに酸素が結合して体のなかを巡ります。赤は活動的な色で、血圧を上げる効果があるそうです。赤、紅、朱、緋、丹などがあり、微妙に色合いが異なります。

赤といえば紅花！源氏物語の末摘花はあまり美人ではなく鼻の赤い女性の名前です。紅花は茎の先の花びらを摘み取るため「末摘花」とも呼ばれています。昔から衣を赤く染めたり口紅などに使われたりしました。

紅花は黄と赤の2種類の色素を含んでいます。黄色のほうはサフロールイエローで水に溶けやすく、赤色はカルタミンで1％しかありません。カルタミンはアルカリ性で溶ける性質があります。そのため紅花から美しい紅色を引き出すためには、まず黄色の色素を十分に水で洗い流した後に乾燥させます。その花に水を含ませて餅つきと同じく杵でついて丸もちの形にします。紅花を発酵させたものを紅もちと呼びます。

この紅もちを灰汁のようなアルカリ性の液に浸して赤色だけを抽出し、酸で中和しながら染め、その後烏梅などの果実酸や乳酸につけて発色させます。紅花の産地として、日本では江戸時代から山形県の最上地方が有名で「最上紅」と呼ばれています。

「井伊の赤備え」は、徳川精鋭部隊の井伊直政が組織したとして有名です。鎧兜はもちろん、旗や馬具までもが赤く染められていました。赤は膨張色なので大きく見せて威嚇したのではないかともいわれています。

柿右衛門の赤も有名ですが、これは赤色酸化鉄の大きさが100㎚のときに発色します。

要点BOX

- 血液の色ヘモグロビン
- 紅花の赤カルタミン
- 柿右衛門の赤色酸化鉄

赤の色素

色素名	化合物名および特徴
弁柄、紅殻	酸化第二鉄(Fe_2O_3)：赤色酸化鉄。天然の赤鉄鉱もあるが、工業用には合成したものを用いる
朱、辰砂	硫化水銀(HgS)：中国で古くから知られ水銀の精錬以外に赤の顔料や漢方薬として用いられた
鉛丹	四酸化三鉛(Pb_3O_4)：純粋なものは橙赤色をしている。赤色塗料や錆止めに用いられるが鉛を含むので注意が必要
紅花	(1)カルタミン：紅花から取れる赤色色素
血色素	(2)ヘモグロビン：血液中に存在する赤血球中に存在するタンパク質。価数2の鉄原子を中心としたポルフィリン誘導体のヘムを含む。この鉄原子に酸素が結合し、酸素を運搬する
赤色106号	(3)アシッドレッド：赤色に着色できる食用タール色素
赤色104号	(4)フロキシン：桃色に染めることのできる食用タール色素
アカネ色素	(5)アリザリン：アカネ色素の成分のひとつ

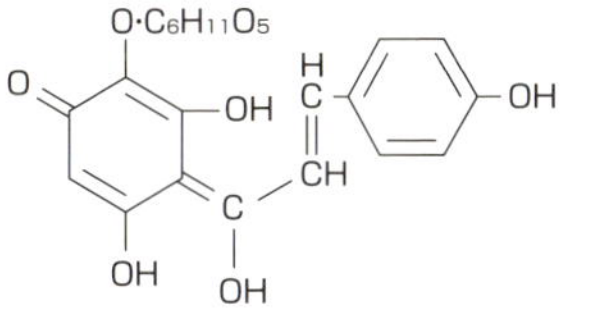

(1)カルタミン

紅花

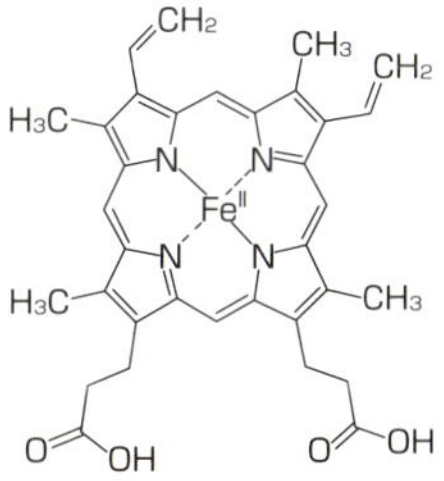

(2)ヘモグロビンのヘム

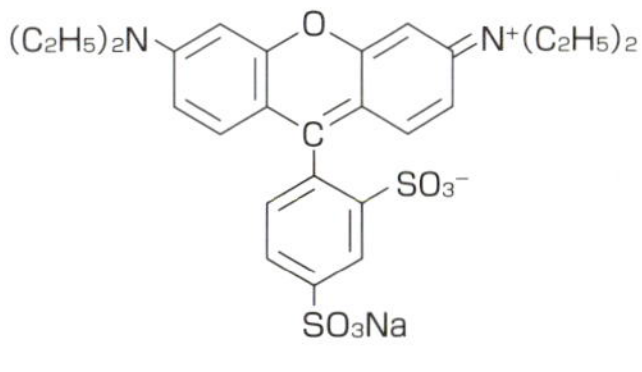

(3)アシッドレッド

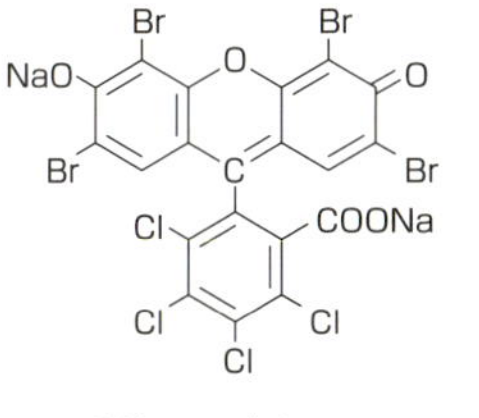

(4)フロキシン

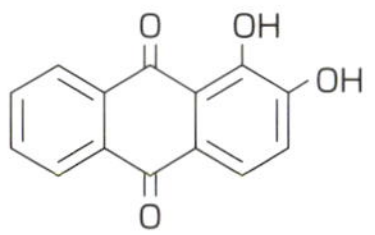

(5)アリザリン

アカネの根から

3 青の世界

静的、空、ブルージーンズ、群青

青は男性的、透明感、理知的、静的、冷たいというイメージがあり、寒色系の色の代表です。嫌悪率は極めて低く、特に男性から好まれる色です。

青には血圧を下げる効果、睡眠を誘う効果、また時間を短く感じさせる効果があるといわれています。青には蒼、碧などがあり、蒼は生気のないくすんだ色で、碧は青く澄んだ緑に近い色です。

夜の空に青く輝く星は、他の星より温度が高く質量の大きな青色巨星です。寿命も短く、最後に超新星爆発を起こすと考えられています。また日中晴れた空の色は、光の波長より小さな窒素や酸素の分子が短い波長をより多く散乱させるレイリー散乱のため青く見えます。

青といえばブルージーンズです。建染《たてぞめ》染色のインジゴを使って染めますが天然のインジゴを使ったジーンズを履くと蛇や虫が寄りつかないという話があります。天然の藍ではピレスロイドが微量含まれるのでその効果はあるようですが、合成の藍ではないでしょう。

古来には美しい青紫色の顔料にラピスラズリ（瑠璃）を粉にしたものが用いられました。これは遠い海の彼方から運ばれてきたのでウルトラマリンと呼ばれていました。天然のウルトラマリンはフェルメールがよく使っていたのでフェルメールブルーという名もあります。現在では合成することができ、群青として知られています。ウルトラマリンは粘土鉱物のカオリンと硫黄、活性炭などを混ぜて焼いて作ります。3次元のアルミノシリケート格子中に、結合してイオンを形成した3つの硫黄原子が含まれます。顔料の青色は不対電子をもつラジカルアニオンS_{3-}によるものです。酸に弱いのが欠点です。

紺青はドイツで生まれた最初の合成顔料プルシアンブルーです。明るい青色顔料としてコバルトブルーなどがあります。葉緑素に似た化学構造のフタロシアニンブルーなどすべて青の仲間です。

要点BOX

- ●空の青はレイリー散乱
- ●建染染色のインジゴ
- ●群青は硫黄ラジカルの色

青の色素

色素名	化合物名および特徴
紺青	フェロシアン化鉄($Fe_4[Fe(CN)_6]_3{\cdot}nH_2O$):鉄のシアノ錯体に過剰量の鉄イオンを加えることで、濃青色の沈殿として得られる顔料
群青	ウルトラマリン($3Na_2O{\cdot}3Al_2O_3{\cdot}6SiO_2{\cdot}2Na_2S$):天然にはラピスラズリの主成分で、硫黄を含んだアルミナシリケートの錯体である
コバルトブルー	アルミン酸コバルト($CoO_nAl_2O_3$):コバルトの割合が高いほど濃く、アルミニウムの割合が高いほど淡い比較的鮮やかな青色顔料
インジゴ	(1)建染染料で藍染めの原料。藍の葉から取れる
フタロシアニンブルー	(2)銅フタロシアニン:塗料インキなどの青色顔料
青色1号	(3)ブリリアントブルーFCF:青色に着色できる食用タール色素
青色2号	(4)インジゴカルミン:インジゴをスルホン化することによって得られる。やや紫がかった青色の食用タール色素

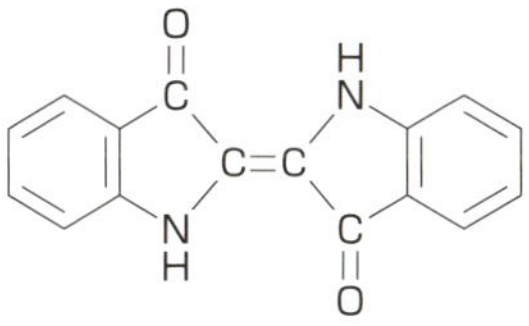

(1)インジゴ

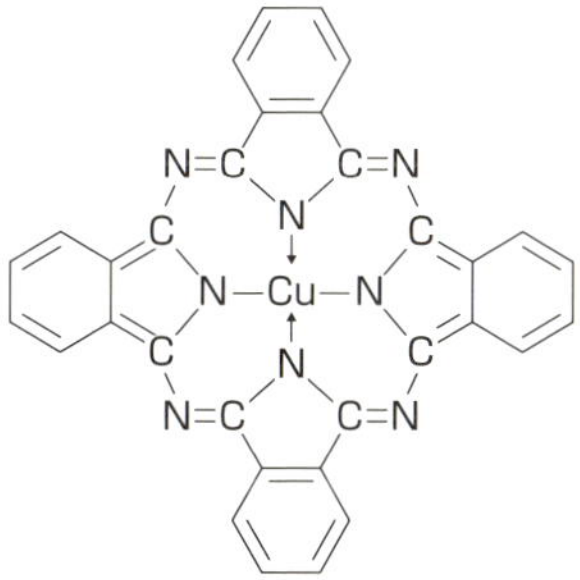

(2)銅フタロシアニン

藍の葉

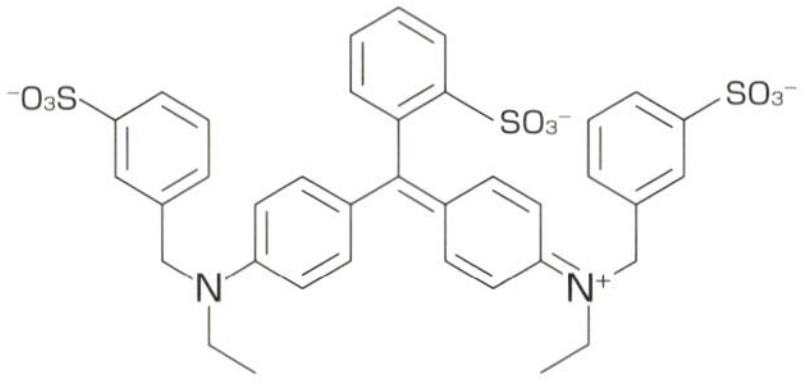

(3)ブリリアントブルーFCF

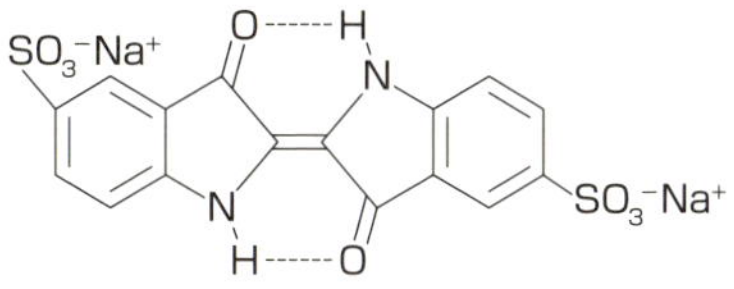

(4)インジゴカルミン

用語解説

ピレスロイド:除虫菊などに含まれる殺虫成分

4 黄の世界

陽気、富、ウコン、クチナシ

黄色はきれいな、明るい、陽気なイメージですが、浅く子どもっぽい印象を与えます。嫌われる率は比較的少なく、好まれることが多い色です。黄は光を表し、聖なる色で富と権力の象徴ともいわれます。

中国の陰陽五行説では黄色が中心です。仏教では法衣は黄色ですが、これはウコンから取った染料で染めています。古代インドでは「太陽の黄金色」として崇められていました。また、黄色は視認識の強い色で黒との組み合わせは交通安全などの警戒色として使われています。

食べ物にも黄色がよくあります。タクアン漬けの黄色は辛味成分が漬けているうちに黄色く変化したものだそうです。一般的にはウコン色素（クルクミン）やクチナシ色素を使って黄色を出します。ウコンは紀元前からインドで栽培され、アユールベーダやインド料理に使われています。カレーの色のもとです。クルクミンは鮮やかな黄色をもつことから、天然の食用色素として用いられます。伝統的な用途例としては、漬物、水産ねり製品、栗のシロップ漬、和菓子などに使われています。また、植物が自分たちを守るために作り出す自己防衛成分である野菜の色素や辛味成分の1つとしても知られています。ポリフェノール類の一種で抗酸化物質です。クチナシの果実にはカロテノイドの一種であるクロシンが含まれ、乾燥させた果実は古くから黄色の着色料として用いられました。発酵させると青色の着色料になります。染物に使われる他に栗やさつまいも、和菓子などの色をつけるのに使います。

キハダの幹の皮をはぐと、鮮やかな黄色が現れます。この黄色は、ベルベリンという色素によるもので、媒染剤なしで黄色に染めることができます。昔から「黄《おう》柏《ばく》」という名で、公文書などの用紙にこれで染めた「黄紙」を用いました。美しく黄色に染まった紙は防虫作用もあるため、経文用紙として使われました。

要点BOX

- ●ウコンの成分であるクルクミンはカレーの色
- ●クロシンが含まれているクチナシの果実は黄色の着色料
- ●キハダの黄色ベルベリンは生薬にも使われる

黄の色素

色素名	化合物名および特徴
黄鉛	クロム酸鉛($PbCrO_4$)：安価で隠ぺい力が大きいが、六価クロムおよび鉛を含んでいるため、有毒で日光および硫化水素によって黒変する欠点がある
亜鉛黄	クロム酸亜鉛($ZnCrO_4$)：黄色顔料として使われるが毒性があるので使用は限定されている
カドミウムイエロー	硫化カドミニウム(CdS)、硫化亜鉛(ZnS)：黄色の無機顔料。毒性があるので使用は制限されている
黄色酸化鉄	水和塩基性酸化鉄($FeO(OH)\cdot nH_2O$)：ゲーサイト。黄色の無機顔料で毒性が低いが高温で変色する
キハダ色素	(1)ベルベリン：キハダの外樹皮に含まれるアルカロイドの一種。黄色に染めるだけではなく、赤や緑の下染めにも用いられる
クチナシ色素	(2)クロシン：クチナシの果実に含まれるカロテノイド系の黄色の色素。サフランの雌しべにも含まれる
ウコン色素	(3)クルクミン：ウコンに含まれるポリフェノール系黄色色素。ケトとエノールの互変異性体がある

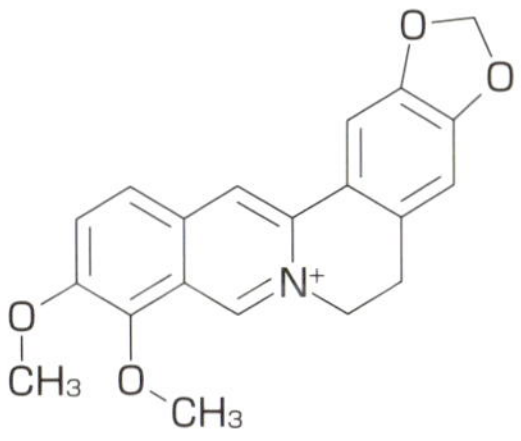

(1)ベルベリン

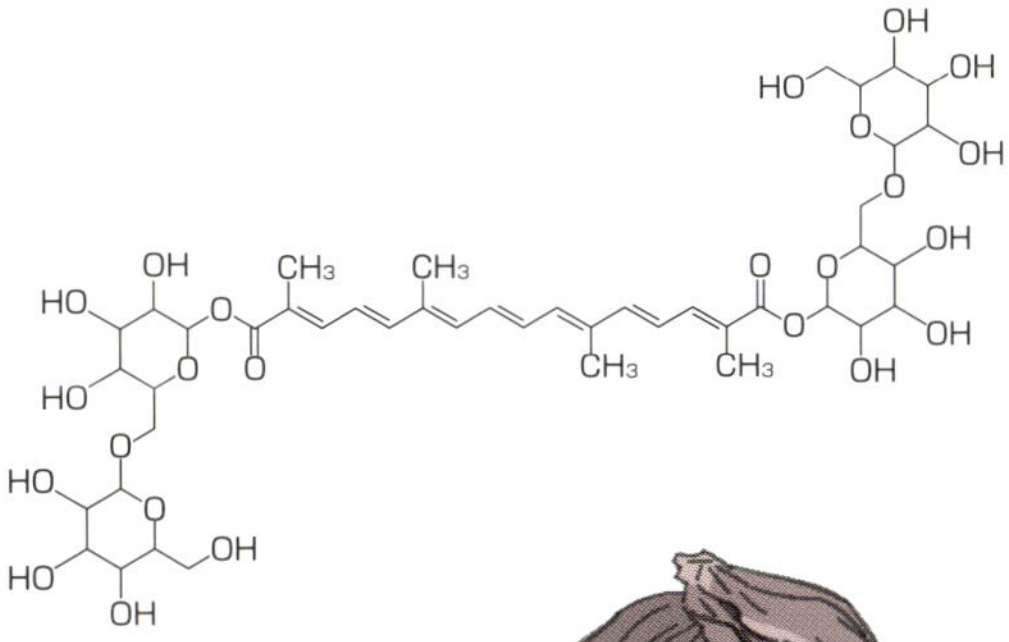

(2)クロシン

キハダ

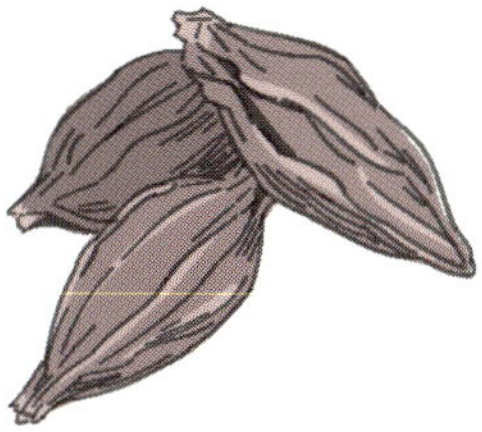

クチナシの果実

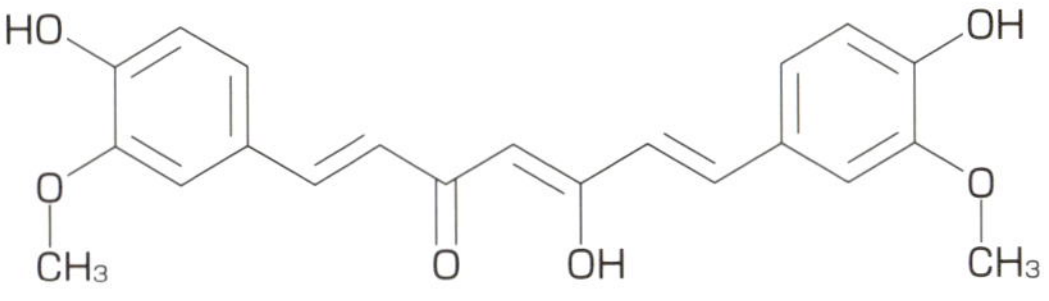

(3)クルクミン

ウコン

5 緑の世界

自然、草木、クロロフィル、コバルトグリーン

緑は草や木の葉を連想する人が多く、緑の大草原や森林などの自然を感じさせる色です。はっきりしない、やや明るい、やや澄んでいる、やや陽気といった性格の曖昧な色です。嗜好率は高いですが青ほどではありません。高年齢の男性が好む傾向があります。緑を嫌いな人が比較的少ないのは自然の緑というイメージがあるからでしょう。

木々の緑を見ると心がやすらぎますね。この植物の緑は太陽の光を利用して二酸化炭素から糖類を作ります。これを光合成といいます。光合成色素の代表クロロフィルはポルフィリン環と呼ばれる炭素と窒素からなる環状構造に、フィトール鎖という長い炭化水素鎖がついています。この環の中央にマグネシウムが配位しています。それでは植物が光合成するのに必要な光は何色でしょうか？　緑色？　違います。クロロフィルは青い光と赤い光を吸収して光合成しています。光合成に使われなかった緑色の光が反射・散乱されて植物の葉っぱは緑色に見えるのです。このクロロフィルでそのまま染色ができれば良いのですが、そのまま緑色には染まりません。すぐ分解してしまうからです。日本の植物で、単独に緑に染められるものがなく、黄を染めた上に藍色を染め重ねて緑を作り出していました。

無機顔料ではビリジアン、コバルトグリーン、塩基性炭酸銅、有機顔料では東北新幹線に使われているフタロシアニングリーンなどが仲間です。

最近5種の蝶の羽を、3次元のナノスケール分解能をもつ顕微鏡で観察したところ、羽の緑色の部分が、ジャイロイドと呼ばれる構造でできていることが明らかになりました。ジャイロイドは、「3方向に無限に連結した3次元の周期極小曲面」で、一定の領域内で可能な限り小さな表面積をもちます。ここを通るときに光は屈折し、形状や比率の変化によって、異なる色合いが生まれるそうです。

要点BOX

●光合成色素クロロフィルはいらない光を反射する
●緑の無機顔料ビリジアンとコバルトグリーン
●蝶の緑はジャイロイド

緑の色素

色素名	化合物名および特徴
ビリジアン	水酸化クロム($Cr_2O\ (OH)_4$)または含水酸化クロム($Cr_2O_3 \cdot nH_2O$)：澄んだ青緑色の無機顔料。絵具、プラスチック着色、塗料などに使われる
コバルトグリーン	酸化コバルト亜鉛マグネシウム(CoOZnOMgO)：マグネシウムを添加したものは暗緑色であり、そうでないものは淡い青緑色になる
孔雀石(マラカイト)	塩基性炭酸銅($CuCO_3 \cdot Cu(OH)_2$)：マラカイトに含まれる。緑色の無機顔料
葉緑素	(1)クロロフィル(a)、クロロフィル(b)：植物の葉にある緑色の色素。光エネルギーを効率よく吸収して化学エネルギーへと変換する
フタロシアニングリーン	高塩素化銅フタロシアニングリーン：高塩素化銅フタロシアニングリーン。東北新幹線の緑色
緑色3号	ファーストグリーンFCF：緑色の食用タール色素。菓子や清涼飲料に用いられる

光合成の仕組み

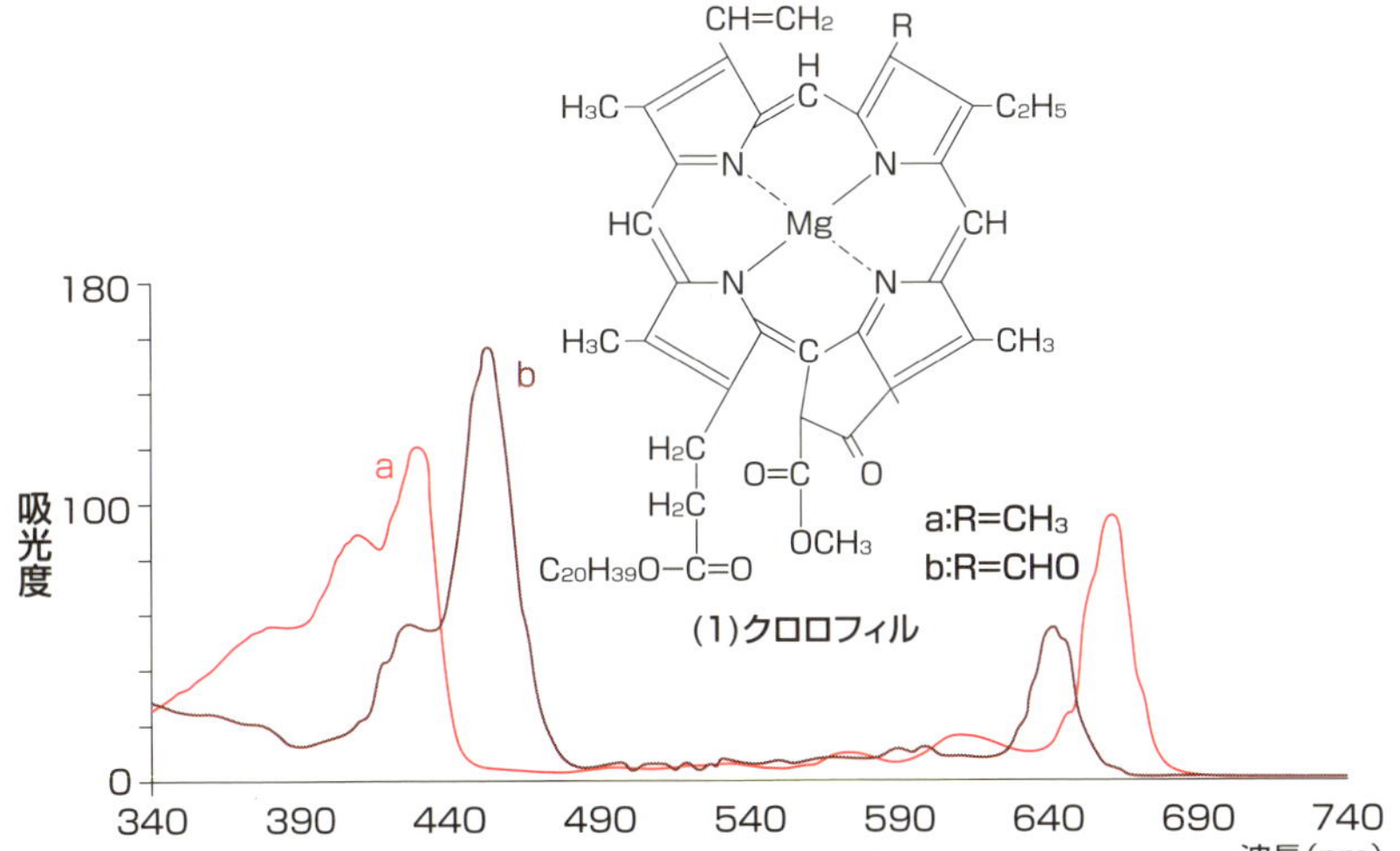

クロロフィルの吸光度

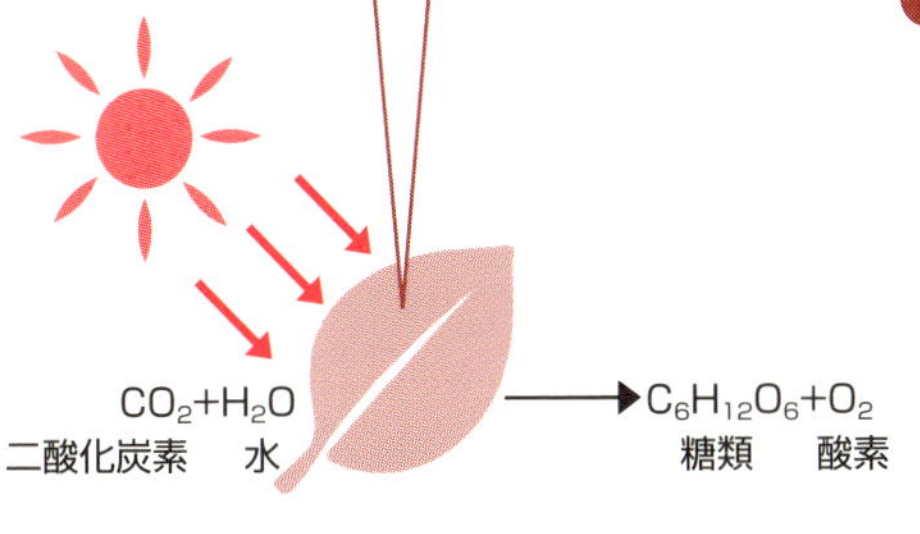

ジャイロイド構造

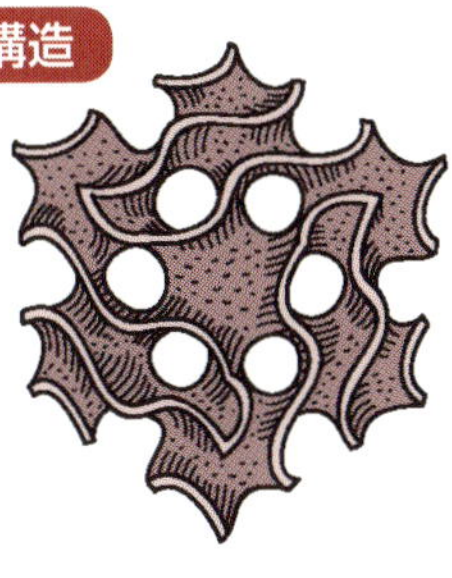

6 紫の世界

高貴、貝紫、紫根、モーブ

「何はなくとも江戸紫」という宣伝がありますが、「江戸紫」は青みがかった紫でバイオレットに近く、赤みがかった紫は「京紫」でパープルに近い色です。紫は青と赤の間色ですが純色です。紫は暖かさと冷たさで分類すると中性になります。大人っぽいイメージを与える反面、嫌悪率も高い色です。服などでは着こなすのが難しい色といわれています。

洋の東西を問わず高貴な色とされているのが紫です。聖徳太子の官位十二階では、紫、青、赤、黄、白、黒の6色の冠で表示しました。僧侶の位でも紫、赤、青、黄、緑、白の順でした。江戸時代の相撲では横綱だけが紫の化粧回しが許され、現在も最高位の行司は紫の房の軍配をもちます。

白い花の咲く紫草の根には紫がひそんでいます。秋にこの紫草の根（紫根）を掘り出し、石臼でひいてから麻の布に入れて湯のなかでもみ色素を取り出します。これを何度も行って紫を染める液を作ります。その一方で椿の生木を燃やして灰を作り、それに熱湯を注いで灰の成分を溶かしておきます。そして染色です。染める絹をいったん湯につけ、紫の液のなかに浸します。絹を液のなかで30分ほど動かしながら染液を浸透させます。その後に水槽で水洗いして、今度は椿の灰汁に浸すと30分で色が定着します。この紫根の液と灰汁を交互に染める工程を1日やっても色はまだ濃くありません。この日に使った液はすべて捨て、翌日は新しい紫根を石臼でひくところからはじめます。5日くらい続けると濃い紫に染め上がります。

西欧では昔から貝紫が使われていますが、これはアッキガイの内蔵から少量しか採れません。1着の衣服を染めるのに5万個の貝が必要です。この貝紫の色素はインジゴに2個の臭素が置換したものです。

世界初の合成染料は「モーブ」です。アニリン染料の一種で貝紫が安価で染色できるということで評判になりました。

要点BOX

- 紫根は灰で色が出る
- 貝から採った貝紫
- 世界初の合成染料「モーブ」

紫の色素

色素名	化合物名および特徴
マンガン紫	リン酸マンガン($Mn_3NH_4P_2O_7$)：紫色の無機顔料。極めて堅牢な顔料であり、水分にさらされない環境下での保存においては信頼性が高い
コバルト紫	リン酸コバルト($Co_3(PO_4)_2 \cdot nH_2O$)：紫色の無機顔料。色がやや薄く、着色力が弱い
カイガラムシ紫	(1)コチニール(カルミン酸)：サボテンなどに寄生するカイガラムシ科エンジムシの乾燥体より抽出して得られたものである。酸性で赤橙色、中性で赤色、アルカリ性で赤紫色となる。熱、光に強い
貝紫	(2)チリアンパープル：澄んだ赤みの紫。アッキガイのパープル腺から得られた分泌液を取り出して日光に当てると、黄色から紫に変色。古代紫
紫根	(3)シコニン：紫色染料として古くから利用されてきた。乾燥した紫根を粉にし、湯で抽出してから灰汁で媒染して染色する
モーブ	モーブ：合成染料第1号紫

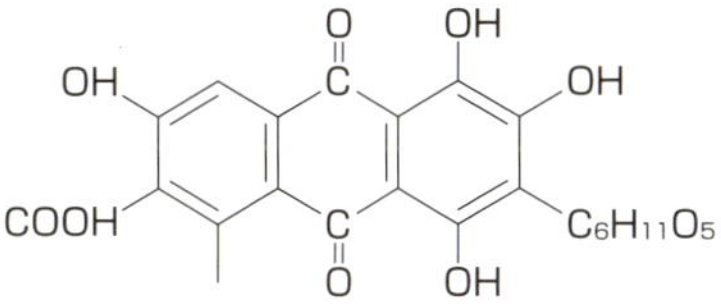

(1)コチニール(カイガラムシ)

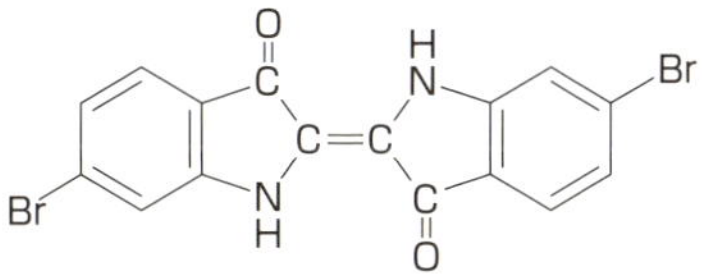

(2)チリアンパープル(貝紫)

カイガラムシ

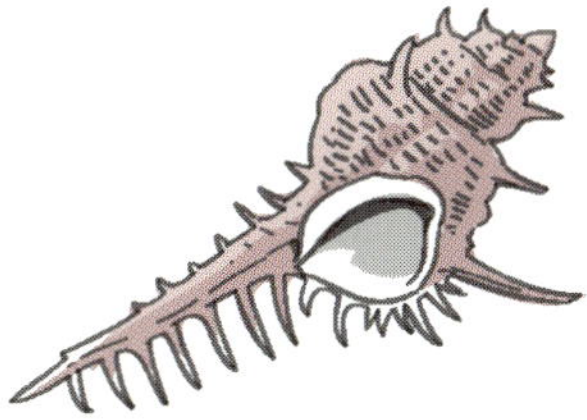

アッキガイ

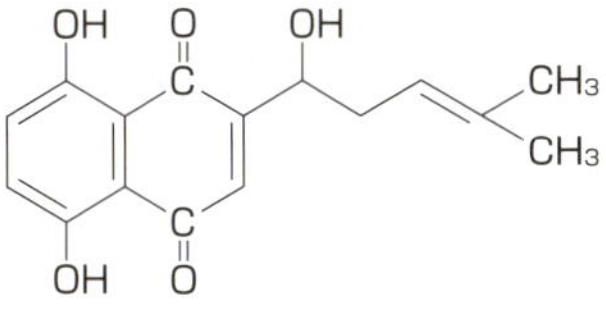

(3)シコニン

紫根

7 白の世界

純潔、雲、雪、漆喰、酸化チタン

白のイメージは静的な、軽い、理知的な、冷たい、明るいなどがあります。下着はほとんどが白ですが、穢《けが》れのない色で清潔感や純潔を連想させます。白い雲、白い雪、石灰岩などでできた白い岩肌など自然界には白は多くありますが、これは可視光のミー散乱によるものです。

夏向きのレースのカーテンは白が一番です。これは白が清涼感を与えることもありますが、白が放射熱を反射する性質をもっているからです。熱帯でほぼ同じ大きさの白い船と黒い船を浮かべて、船内の温度を比較したところ、白い船のほうが黒い船より10度も低かったそうです。

すべての可視光を均質的に含んだ光は無彩色に見え、そのなかで強く反射していれば白に見えます。光の三原色を混ぜると白になります（加法混色）。可視光をまったく吸収しない物質は透明ですが、粉砕されたりして細かい粉になると、光が乱反射して白っぽく見えます。１００％の反射率をもった物体は存在しません。ほぼ理想的な白色物質としては酸化マグネシウムや硫酸バリウムがあります。

屈折率の高い物質ほど光を散乱しやすいので白色度が増します。白色顔料の屈折率をみると、酸化チタンが白色顔料として優れていることがわかります。

白い城といえば白鷺城（姫路城）です。壁は漆喰で石灰が入っているので白いのですが、屋根の瓦の継ぎ目にも蒲鉾状の漆喰が乗せてあります。これはこの地方の強風のために瓦が飛ばないように止めてあるそうですが、斜めから屋根を見ると白く見えます。

無機顔料は重たいので分散すると沈殿しやすいという欠点があります。中空のポリマーはなかに空気が入っているので外側のポリマーとの屈折率差で光を散乱し、しかも軽いという特徴をもっています。隠ぺい力はあまりありませんが、透明フィルムへの印刷用の白インキなどに使われます。

要点BOX

- 可視光を均質的に強く反射すれば白
- 透明な物質を細かくすると白
- 屈折率の高いほど白色度が高い

白の色素

色素名	化合物名および特徴
炭酸カルシウム	$CaCO_3$：チョーク、紙、ゴム、歯磨きなどに配合される
鉛白	塩基性炭酸鉛($2PbCO_3Pb(OH)_2$)：古代から使われてきた白色顔料。毒性があるので皮膚に接触する用途には使えない。硫黄によって黒変する
亜鉛華	酸化亜鉛(ZnO)：ヨーロッパでは中世から知られていた。乾性油と反応して塗膜に亀裂を起こす場合がある
チタン白	二酸化チタン(TiO_2)：白色顔料中で屈折率が最も高く隠ぺい力がある。塗料用白色顔料、化粧品用白色顔料として用いられる。紫外線を吸収し、光触媒活性をもつ
リトポン	硫化亜鉛(ZnS)と硫酸バリウム($BaSO_4$)の混合物。白色塗料などに用いられる

各種顔料の屈折率

顔料名	組成・構造	屈折率
シリカ（ホワイトカーボン）	SiO_2　非晶質	1.4-1.6
炭酸カルシウム	$CaCO_3$　六方晶	1.49-1.66
タルク	$Mg_3Si_4O_{10}(OH)_2$　単斜晶	1.54-1.59
マイカ	$KAl_2(Si_3Al)O_{10}(OH)_2$　単斜晶	1.55-1.59
カオリンクレー	$Al_2Si_2O_5(OH)_4$　単斜晶	1.56
焼成クレー	$Al_2O_3{\cdot}2SiO_2$	1.62
硫酸バリウム	$BaSO_4$　斜方晶	1.63
リトポン	ZnS、$BaSO_4$	1.7-2.2
酸化亜鉛	ZnO　六方晶	1.9-2.0
酸化チタン（アナターゼ）	TiO_2　正方晶	2.52
酸化チタン（ルチル）	TiO_2　正方晶	2.76

8 黒の世界

陰気、お歯黒、カーボンブラック、黒錆

黒は暗い、陰気、深い、重い、大人っぽい、固い、静的な、男性的などの特徴があります。喪服に使われ、フォーマルスーツには好まれる率の高い色です。犯罪者を「黒」と呼ぶ場合もありますし、「ブラックマネー」、「ブラック企業」など不正や非合法などのイメージで使用される場合もあります。

黒は無彩色で、可視光すべての光を吸収したときの色ですが、そのような物質（黒体）は存在しません。絵具の三原色を混ぜる（減法混色）と黒になります。白に比べて黒は物体を小さく見せるので、碁石は白石よりも黒石のほうが0・3㎜大きく作られているそうです。また、ものの重さは色によって異なりますが、黒は白よりも2倍ほどの重さに感じるそうです。

結婚した女性が歯を黒く染めるお歯黒という習慣が平安時代から江戸時代まで行われていました。これは五倍子という染料を楊枝につけて歯に塗り、そこに鉄分が溶けたお粥を塗って黒く発色させるものです。お粥に錆びた鉄釘などを入れ鉄分として利用しました。大島紬にも利用されているように、昔の人たちは鉄分が含まれる泥などに、茶色に染めた布を漬けると黒く変わることを知っていたのです。

黒い顔料の代表はカーボンブラックです。カーボンブラックは炭素からなる黒色顔料の総称でランプブラック（油煙）、ボーンブラック（骨黒）なども含みます。カーボンブラックの粒子径、ストラクチャー、表面性状は三大特性と呼ばれ、インキや塗料などに配合したとき、黒度や分散性に大きな影響を与えます。カーボンブラックは油やガスを酸素が多い状態で大きな炉のなかで燃やして発生させます。グラファイト、カーボンナノファイバー、フラーレンなど炭素は今脚光を浴びている物質の1つです。

鉄が錆びると赤錆、黒錆ができますが、この黒錆も黒色顔料として使われます。磁性を帯びているので混合が難しい場合もあります。

要点BOX

- 絵具の三原色を混ぜると黒
- お歯黒はタンニンと鉄
- 黒色顔料の代表カーボンブラック

黒の色素

色素名	化合物名および特徴
カーボンブラック	炭素(C)：炭素からなる黒色顔料。極微細なファーネスブラックやチャンネルブラックが使われる。数千年前から作られていたランプブラックは油を不完全燃焼させて作る。植物黒、骨炭なども含む場合がある
黒鉛	グラファイト(C)：炭素が平面に蜂の巣状に並んだものが層状に積み重なった黒色顔料。鉛筆などに使われすべりが良い
黒色酸化鉄	マグネタイト(Fe_3O_4)：磁性をもつ黒色顔料。空気中で高温に放置すると酸化して赤くなる。赤みの黒
チタンブラック	低次酸化チタン(Ti_nO_{2n-x})：二酸化チタンを還元した黒色顔料。青みの黒

カーボンブラック製造法の分類

製法	原料	製造方法	補足
不完全燃焼法	石油コールタールからの炭化水素	オイルファーネス法	ファーネス法とは燃料と空気による燃焼熱によって原料油を連続的に熱分解させてカーボンブラックを作る方法。現在の主流
	鉱物油・植物油	ランプブラック法	原料を入れる鉄製の皿と耐火物で覆われたカバーから成っており、鉄皿とカバーから入る空気量でカーボンブラックの品質をコントロールする。最も古い方法
	天然ガス	チャンネル法	天然ガスを燃焼させ、チャンネル鋼に析出させたものを掻き集めて得る、超微粒のカーボンブラック
		ガスファーネス法	天然ガスでファーネス法を行う。微粒径カーボンブラック製造に適している
熱分解法	アセチレン	アセチレンブラック法	アセチレンガスを熱分解して得る。発熱反応のため連続運転可能。導電性が高い
	天然ガス	サーマルブラック法	蓄熱した炉の中でガスの燃焼と分解を繰り返して製造する。粗粒子のものが得られる。燃焼と熱分解を周期的に繰り返す方法

カーボンブラックの構造

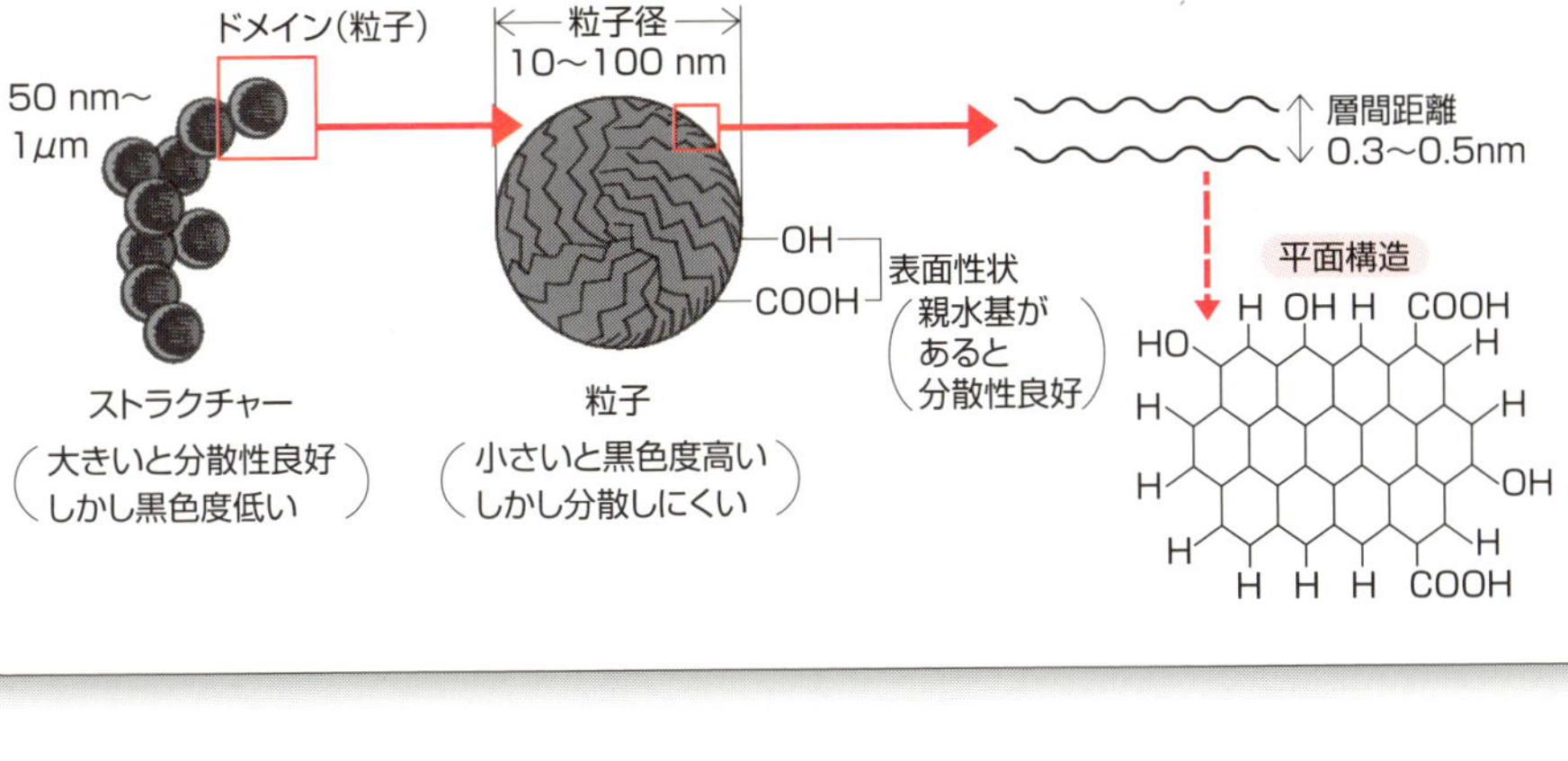

虹色の世界

雨上がりに空を見ると虹が出ていることがあります。よく見ると普通の虹の上に少しぼんやりと虹が現れることがあり、それを「副虹」といいます。子どもの頃より最近のほうが副虹を多く見るようになった気がします。

中国では虹を竜と見立て、雄と雌と2種類あったといいます。「虹」は色鮮やかで、紫が内側にあるものです。また、「虹」の「虫」の部分は竜のことで、「工」は「貫く」の意味です。すなわち「虹」とは「天空を貫く竜」であり、その性別は雄ということです。一方で、色が淡く、紫が外側のものを「霓」あるいは、「蜺」といいます。「霓」は、雨十児(子)、「蜺」は虫十児であり、いずれも「竜の子」すなわち、雌の竜をさすということです。主虹と副虹があるので雄と雌と考えてもおかしくないですね。

虹の七色は赤、橙、黄、緑、青、藍、紫といわれており、それはニュートンが決めたことになっています。ニュートンは虹の色が連続であることを知っていましたが、当時音階が7音であり、7は神聖な数と考えられていたので7色としたそうです。

虹は水滴による反射・屈折作用によって生じるといわれています。水滴に入射した光線の出射角は、赤い光で約42度、青い光で約40度です。太陽と水滴、水滴と目を結んだ線の成す角度が40度から42度となる方向に虹が現れます。赤いほうの最大角度が2度大きいため、赤のほうが外側に現れます。水滴内部で2回反射した光も同様に赤い光が約50度、青い光が約54度で内側に赤がきますが、2回反射するので主虹より薄くなります。この2つの虹の間の角度では水滴から光が来ないので暗くなりますが、これを「アレキサンダーの暗帯」といいます。太陽が高い位置にあるときは小さな虹ですが、夕方の雨上がりには大きな虹が見られるのは皆さんご存知のとおりです。

主虹と副虹の光の経路

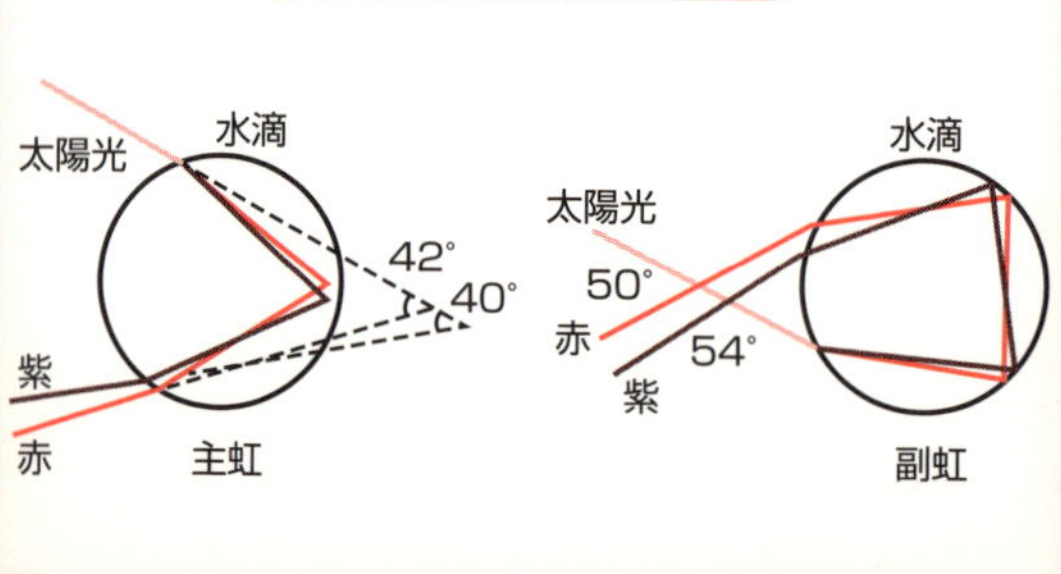

第2章 染料・顔料って何?

9 染料と有機顔料の違い

色素とは、波長400〜780㎚の可視光のいずれかの波長の光を吸収して固有の色をもつ物質です。そのなかで、適当な染色法により繊維を染色し、実用に耐える堅牢性をもつ色素を染料と呼びます。現在では、いくつかの例外を除けば、染料とは有機合成化学の技術で製造される合成染料です。

染料の分類には、化学構造による分類と染色的性質による分類があります。化学構造による主な分類では、アゾ系染料、スチルベン系染料、トリアリールメタン系染料、インドフェノール系染料、アントラキノン系染料、インジゴ系染料、フタロシアニン系染料などがあります。染料の評価は、染色した布が太陽光、熱、洗濯、水、摩擦などの作用により退色することから、色の安定度をそれぞれの作用に対して堅牢度と称して等級で評価します。

一方、有機顔料は、化学構造により一般的には、アゾ系顔料、縮合多環系顔料、染料レーキ系顔料に大別されます。縮合多環系顔料では、発色団を構成している縮合複素環によってフタロシアニン系顔料、キナクリドン系顔料、アントラキノン系顔料、ペリレン系顔料、ペリノン系顔料、インジゴ系顔料、ジオキサジン系顔料、キノフタロン系顔料、イソインドリノン系顔料、インドリン系顔料、ジケトピロロピロール系顔料などがあります。

有機顔料と染料の大きな違いは、有機顔料が水や有機溶剤に溶けない粉末であり、溶解されずにそのまま使用されることです。そのため、染料に比べ、粒子の大きさ、形状、結晶構造などの物理的性質が重要となります。無機顔料に比べ、有機顔料は一般的に隠ぺい力、耐水性、耐溶剤性、耐熱性などに劣りますが、色の鮮明性、着色力、広い色相範囲などの点で優れており、塗料、印刷インキなどに多量に用いられてきました。

要点BOX

- 染料は水に溶けるが、有機顔料は水や有機溶剤に溶けない粉末
- 化学構造の他に、染料は染色的性質でも分類

代表的な染料の化学構造

染料名	代表的な染料の構造	染料名	代表的な染料の構造
アゾ系染料	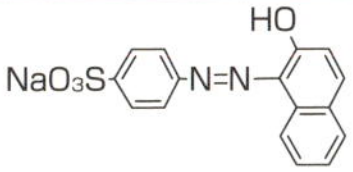 C.I. Acid Orange 7 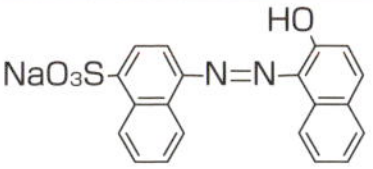 C.I. Acid Red 88	キノリン系染料	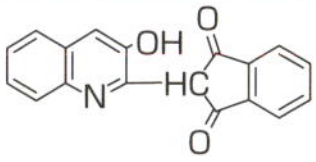 C.I. Disperse Yellow 54
スチルベン系染料	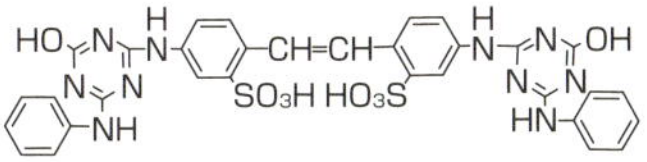 ブランコホル B（C.I. Fluorescent Brightener 32）	ポリメチン系染料	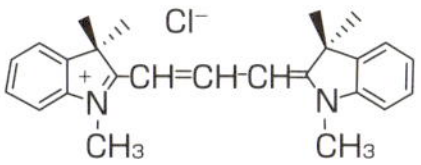 C.I. Basic Red 12
トリアリールメタン系染料	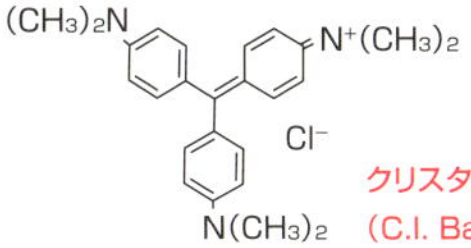 クリスタルバイオレット（C.I. Basic Violet 3）	アントラキノン系染料	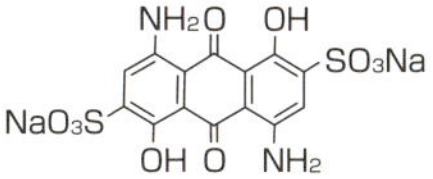 C.I. Acid Blue 45
アクリジン系染料	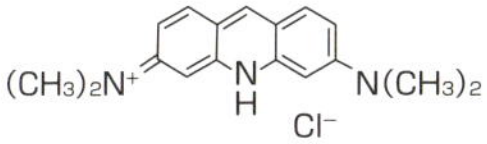 C.I. Basic Orange 14	インジゴ系染料	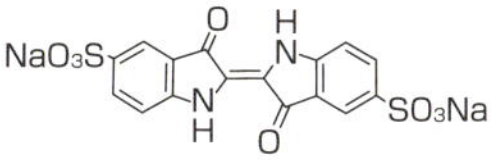 C.I. Acid Blue 74

代表的な有機顔料の化学構造

有機顔料	有機顔料	有機顔料	有機顔料
アゾ系顔料 ナフトールAS系	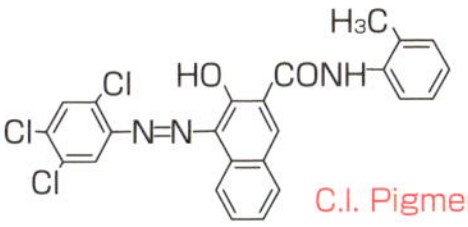 C.I. Pigment Red 112	アントラキノン系	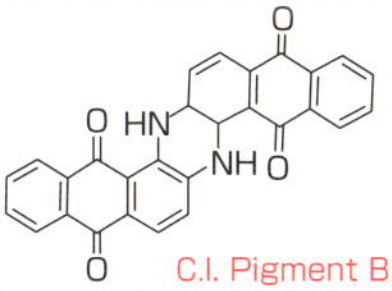 C.I. Pigment Blue 60
アゾ系顔料 ピラゾロン系	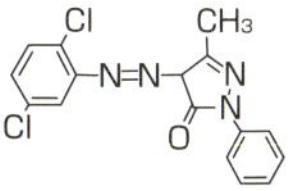 C.I. Pigment Yellow 10	ペリレン系	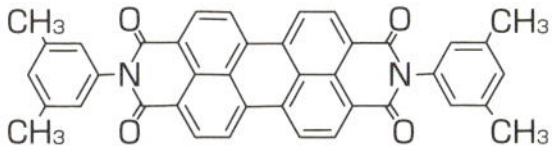 C.I. Pigment Red 149
縮合多環系顔料 フタロシアニン系	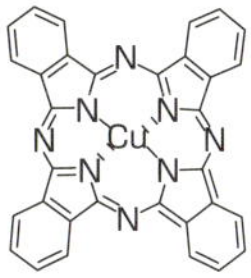 C.I. Pigment Blue 15	ペリノン系	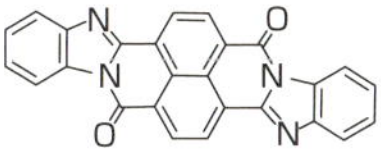 C.I. Pigment Orange 43
縮合多環系顔料 キナクリドン系	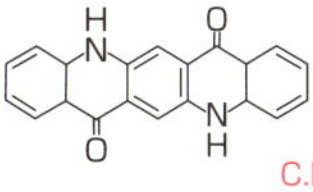 C.I. Pigment Violet 19	インジゴ系	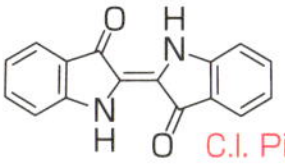 C.I. Pigment Blue 66

10 染料の基本的な性質

有機色素のなかで、水に溶ける色素が染料で、水に不溶であるのが顔料と大別できますが、水溶性の染料でも、染色後、水に不溶性となるものがあります。ポリエステル繊維用途で使用される分散染料にも、水には不溶で分散剤によって水に微粒子状に分散して用いるため、染料と呼ばれるものがあります。

染料が水溶性の性質を示すためには、染料分子にスルホ基を導入して塩構造にするか、染料骨格がカチオンで適当なアニオンと塩構造にする必要があります。染料を化学構造によって分類しているのが、カラーインデックスです。また、水溶性の染料も染色後に水に不溶性となるものもあります。染料では、染色法や水溶性と不溶性という物性をもとにした分類方法も広く知られています。いくつかの例を図に示します。

直接染料は、水素結合やファンデワールス力によりセルロース繊維に親和性のある染料で、平面性と直線性を有するジスアゾ系、トリスアゾ系染料などが該当します。建染染料は、染色の際に、染料をアルカリ水溶液に可能なロイコ化合物としてセルロース繊維に染着させ、酸化により繊維上でもとの水に不溶性の染料に戻して染着できる色素で、インジゴ系、アントラキノン系染料などがあります。反応染料は、繊維中の官能基と反応して共有結合により染着する染料で、セルロースの水酸基や羊毛、絹、ナイロンのアミノ基と反応することができるモノクロロトリアジン基、クロロアセチル基やビニルスルホ基などの反応基を有するアゾ系およびアントラキノン系染料などがあります。分散染料は水に難溶性で、分散剤によって微粒子として分散した系からポリエステルやアセテート繊維などの疎水性繊維を染色する染料で、アゾ系、アントラキノン系染料が大部分を占めます。蛍光増白剤は、紫外光を吸収して、青色の蛍光を示すことで黄色を帯びた布を白く見せる効果があるものです。

要点BOX

●スルホ基の含有や、カチオン構造で水溶性
●繊維との染着性は、水素結合やファンデワールス力または共有結合に依存

染色方法による染料の分類

染料名	染料の特長と応用素材
直接染料	高い平面構造を有し、スルホ基またはカルボキシ基を有、綿や麻などのセルロース系繊維やナイロンなどのポリアミド系繊維を染色する
建染染料	カルボニル基を有し、水酸化ナトリムとハイドロサルファイトの還元で水溶性となり、セルロース繊維に染着後、空気酸化で不溶化させる
硫化染料	硫化ナトリウムの還元により水溶性となり、綿や麻などのセルロース系繊維に染着後、空気酸化で不溶化させる
反応染料	セルロースの水酸基や羊毛やナイロン等のアミノ基と共有結合しうる反応基を有し、化学結合によって染着する
酸性染料	スルホ基やカルボキシ基を有し、酸性の染浴中で、羊毛、絹、ナイロンのどのポリアミド系繊維に染着する
金属錯塩酸性染料	主として、クロムにより錯塩化された酸性染料で、羊毛、絹、ナイロンなどのポリアミド系繊維に染着する
分散染料	水に難溶性で、微粒子に分散した懸濁液からポリエステル系、アクリル系繊維などに染着する
塩基性染料	アミンの第四級塩またはカルボキシ基を分子内に有し、主にアクリル系繊維によく染着する
蛍光増白剤	紫外光を吸収して、可視部で蛍光発光し増白効果を示し、セルロース系、ポリアミド系、ポリエステル系、アクリル系繊維に染着する

繊維の染色工程の概念図

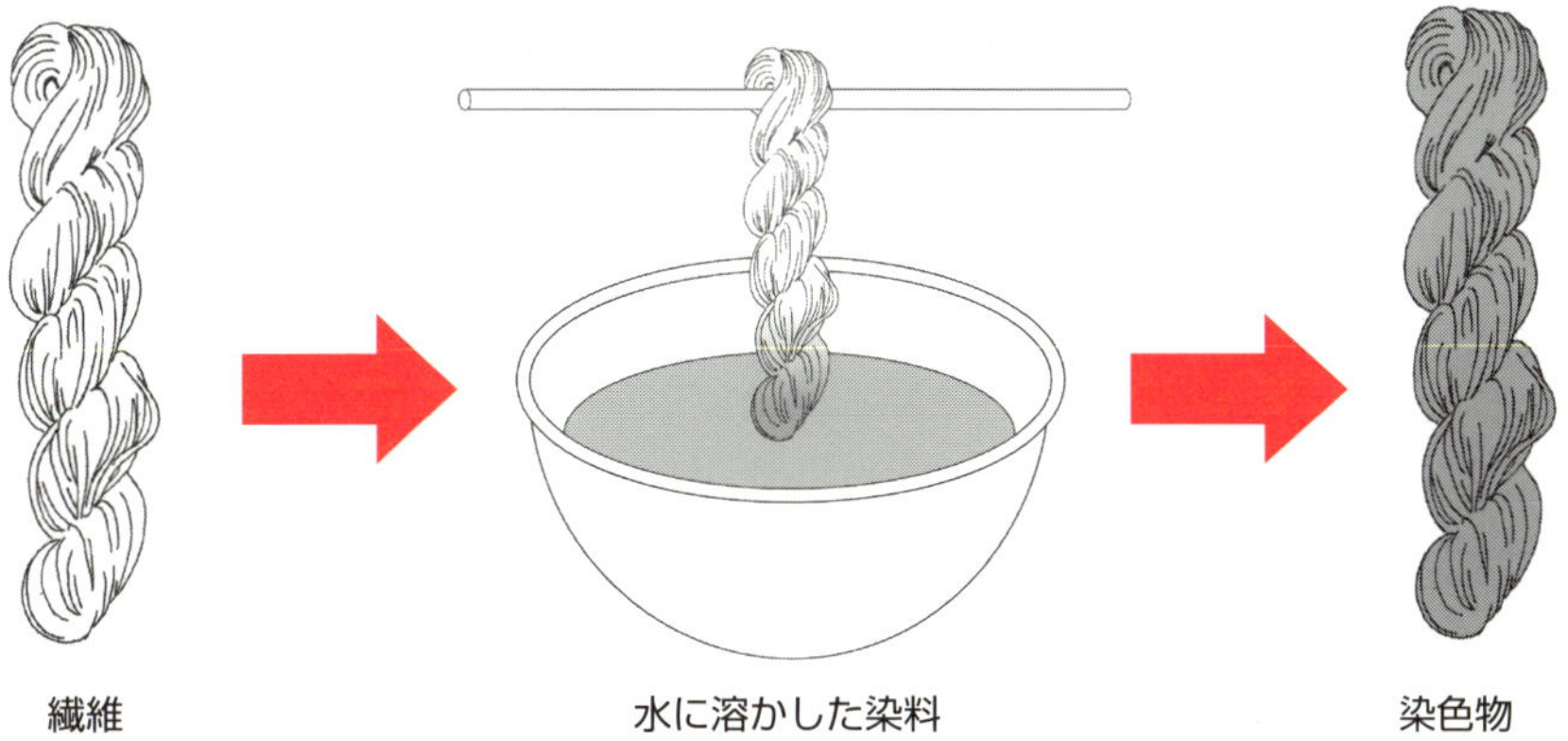

用語解説

カラーインデックス：英国と米国の染料染色関係の協会により作成された、工業染料・顔料のデータベース。
ファンデルワールス力：中性の分子間で働く弱い引力で、分散力と同じ意味で用いられる。

11

有機顔料の基本的な性質

有機顔料は、水や有機溶剤に不溶であり、アゾ系顔料や縮合多環系顔料のように有機合成技術で製造したものをそのまま使用するものと、可溶性染料を適当な方法で不溶性とする場合があります。後者は特にレーキ顔料と呼ばれています。スルホ基を有する可溶性である酸性染料を、沈殿剤により不溶性塩（Na、Ca、Ba、Mn塩）とすることでレーキ顔料となります。また、塩基性染料のアニオン部分を沈殿剤によってアニオン交換して、不溶性の顔料としたものもあります。塩基性染料のアニオン交換したレーキ顔料としては、リン酸イオン、酸化タングステン、酸化モリブデン処理して得られるファナルレーキなどが知られています。

有機顔料は、実際は粒子として使用するため、透明な着色物を得るためには、吸収する可視光波長より半分程度の短い粒子径にする必要がありますが、小さく粉砕しすぎると染料と同じような性質、例えば、耐光性が著しく低下してきます。凝集状態の顔料を粉砕するには、ビーズミルやロールミルなど分散粒子径に応じた適正な分散機を選択して機械的解砕を行います。また、再凝集を防ぐために、酸性や塩基性の顔料誘導体で顔料表面処理や顔料表面に、樹脂や分散剤などの高分子を吸着させ立体障害層を形成させ分散安定化が図られています。一次粒子を十分小さくしても、乾燥時に一次粒子が集合して大きな二次粒子が生成する場合もあります。そのため、乾燥工程をさけてペースト状で用いる方法や、顔料—水の系をフラッシングと呼ばれる方法で顔料—油性の系とする方法も知られています。

また、新しい不溶化方法として、有機顔料を化学修飾により有機溶媒に可溶化させてのち、塗布後に熱や光、または化学的処理により顔料化させる方法も提案されており、このような顔料は、ラテント顔料と名づけられています。

要点BOX

- レーキ顔料は、染料を沈殿剤によって不溶化
- 顔料の微細化は、機械的解砕の際に、顔料誘導体、樹脂、分散剤などで安定化

顔料分散の模式図

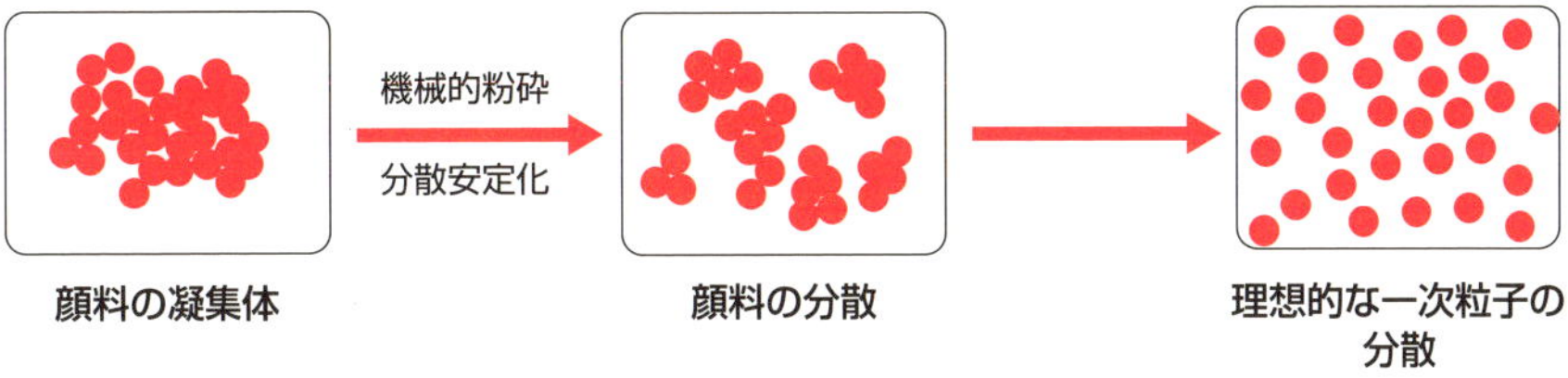

顔料誘導体の例

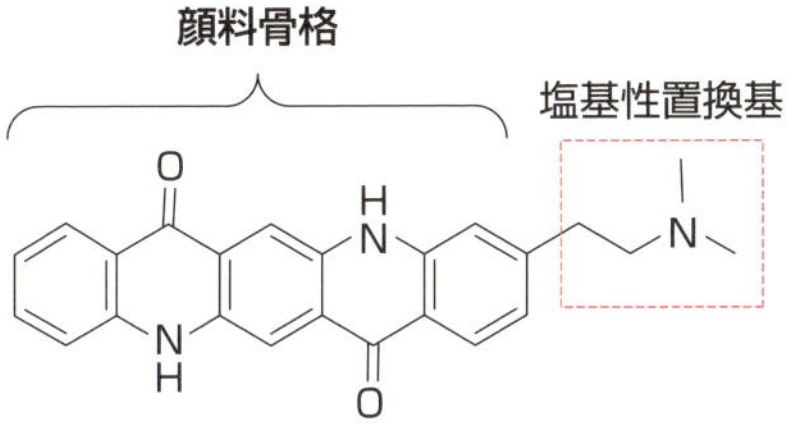

ラテント顔料の例

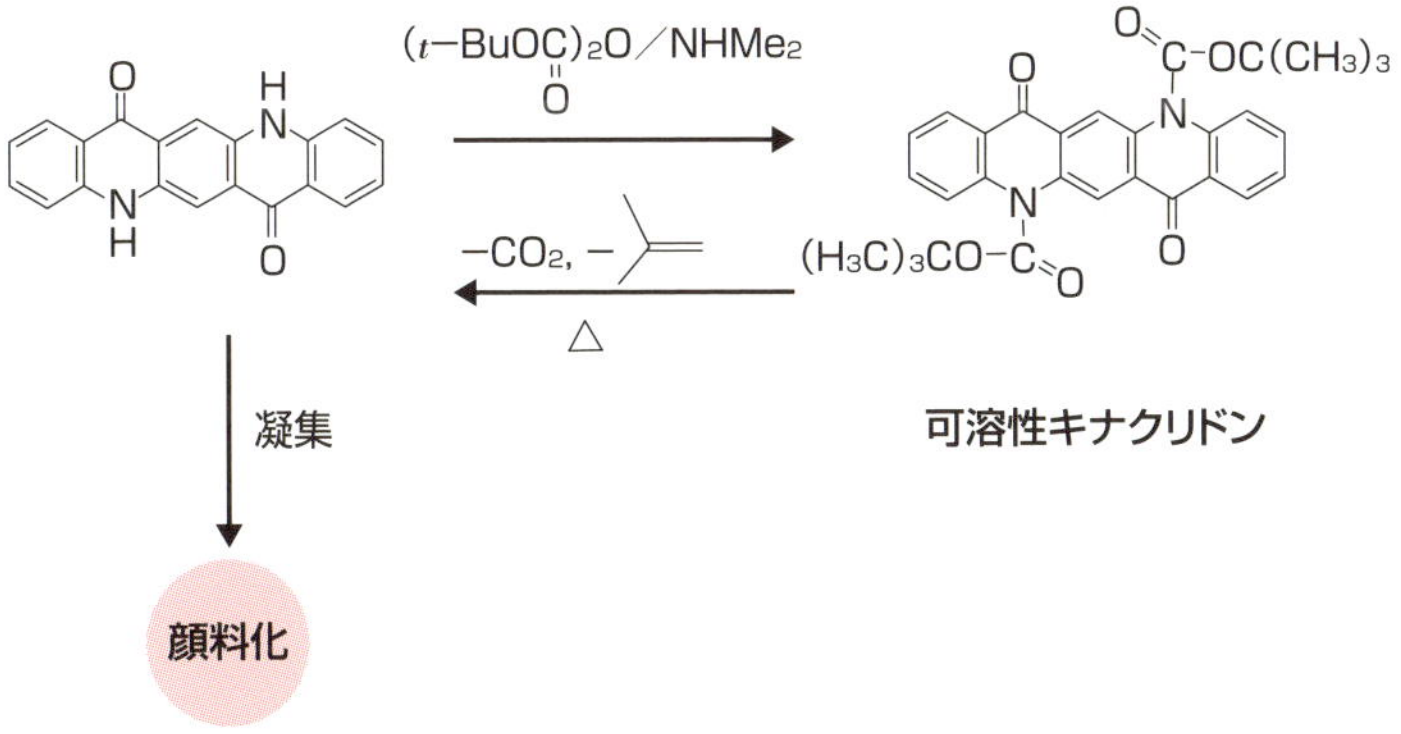

分散機と顔料の分散粒径と適正粘度

分散機	顔料の分散粒径 (μm)	適正粘度(Pa･s)
ビーズミル	0.01〜50	$0.1\sim10^{2}$
ロールミル	0.1〜100	$10\sim10^{3}$
プラネタリーミキサー	10〜1000	$10\sim10^{2}$
エクストルーター	1〜1000	$10^{3}\sim10^{4}$

12 合成染料はいつごろできた？

合成染料の歴史

人類が紀元前数千年前から天然繊維の染色に用いた染料は、草花、貝殻やカイガラムシなどから得られたインジゴ、あかね（アリザリン）、ウコン、コチニールなどの天然色素で、近世まで長く使用されてきました。有機合成化学の技術によって、はじめて染料が得られたのが、1856年。イギリス人のウィリアム・パーキンが、キニーネを合成する目的でコールタールから分離した不純なアニリンを酸化して、偶然、赤紫色の塩基性染料モーブを発見しました。

パーキンが使用したアニリンには、かなりの量のトルイジンが含まれていたため、モーブのなかにはトルイジンに由来するメチル基が多く含まれていました。彼は、これを工業化するために翌年会社を設立し、その後、合併などにより、会社はICIという社名になりました。モーブ以外に、さらに、フクシン、ローズアニリンブルー、ホフマンバイオレット、アニリンブラック、ビスマルクブラウン、マラカイトグリーンなどが合成されてきました。

さらに、1860年には、グリースによって芳香族アミンのジアゾニウム塩とアゾ化合物が発見され、その後、コンゴーレッドなども開発され、今日の合成染料の大半を占めるいろいろなアゾ染料の合成の基礎が確立されました。また、1869年には、アリザリン、1880年には、インジゴの工業的合成法が確立されました。1920年代に分散染料、1950年代に反応染料が開発されてきました。それらの工業化は、イギリス、フランス、ドイツ、スイスで行われ、第1次世界大戦前のドイツでは全世界の合成染料の約8割が生産されていました。

1970年代には、日本でも約5万トンも生産されていましたが、今では1・9万トンにまで低下し、現在、中国、台湾、インドなどに主要な製造拠点は移りました。

要点BOX

- 19世紀にアニリンの酸化反応により染料合成
- 第1次世界大戦前までは、欧州、特にドイツで合成染料を生産

天然色素のもととなる草花やカイガラムシの例

アカネ

タデアイ

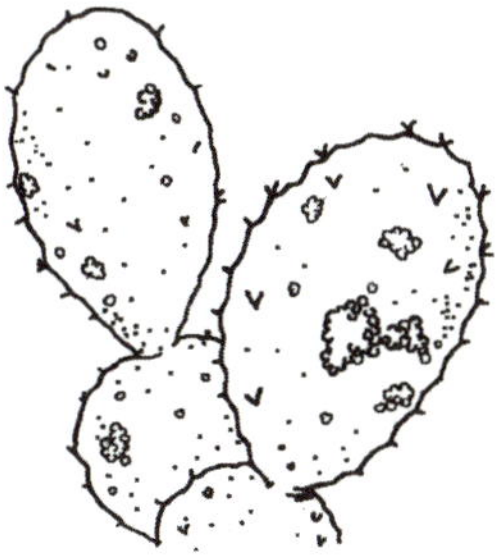

コチニールカイガラムシ
（サボテンに付着）

モーブの構造

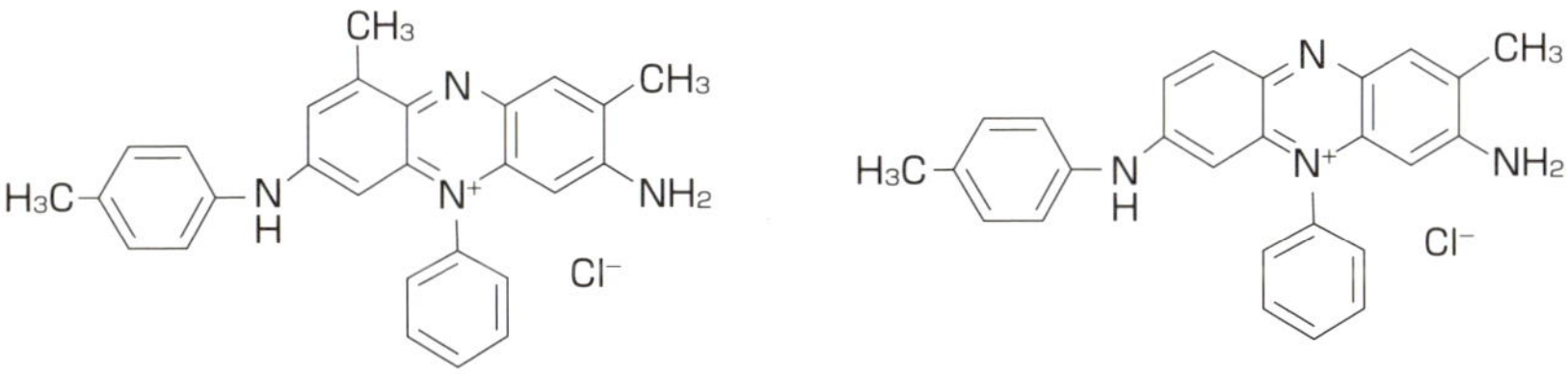

パーキンによって合成された染料モーブは、後におもに2種類の混合物と判明

主な染料が最初に合成された年代

年代	染料の種類
1856年	塩基性染料
1860年	アゾ染料
1862年	酸性染料
1878年	建染染料
1884年	直接染料
1912年	ナフトール染料
1923年	分散染料
1953年	羊毛用反応染料
1956年	セルロース繊維用反応染料

13 色が出るものとは何?

色素の発色原理と見える色

色素は、400～780㎚の可視光のいずれかの波長の光を吸収するものです。有機分子は、その分子構造に応じたエネルギーをもっていますが、そのエネルギー準位は連続的な値ではなく、量子化されています。これらエネルギー準位には、低いエネルギー準位から電子が2個ずつ順に対をなして詰まっていきます。このように電子が詰まった一番高いエネルギー準位を最高被占軌道（HOMO）、さらにその上にある電子の詰まっていないエネルギー準位を最低空軌道（LUMO）と呼びます。

ある波長の可視光を吸収することで、色素分子のHOMOにある電子1個がLUMOに上がり、分子は励起状態となります。いい換えれば、色素は、ある可視光を吸収することで、基底状態からエネルギー準位の高い励起状態に遷移したことになります。このエネルギー差は、吸収した光の波長から算出することができます。

太陽光のような白色光のもとで、680㎚の赤の光を吸収する色素は、色素によって吸収されなかった緑や青の光をすべて反射し、シアンに見えます。また、緑色の葉に含まれる葉緑素は、450㎚以下の青と紫の光と600㎚以上の赤の光を吸収し、緑の光だけを反射していることがわかります。その結果、葉は緑に見えるのです。

白色光からある波長の光を除くと除かれた光以外の色で、光に色が着いたことになります。この色を除かれた光の色を余色といいます。この例では、シアンは赤の余色となります。観察される色と吸収波長の関係はおおむね、黄色の色素で吸収波長が400～480㎚、橙色の色素で480～490㎚、赤色の色素で490～530㎚、紫色の色素で530～580㎚、青色の色素で580～650㎚となります。

要点BOX

- 可視光の波長の光を吸収する有機分子
- 太陽光のもとでは、色素によって吸収されなかった光がすべて反射

色素のエネルギー準位と光吸収

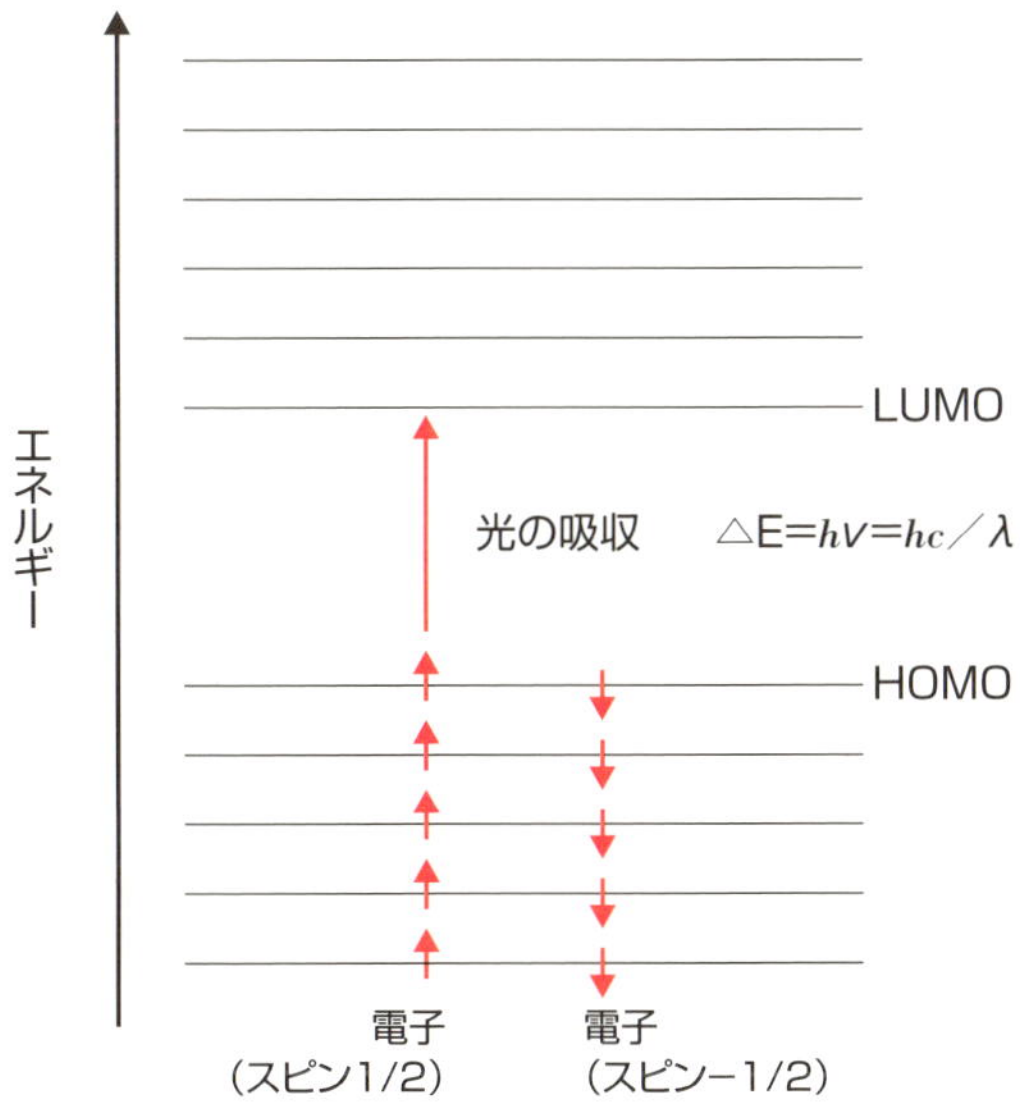

光の三原色の混合

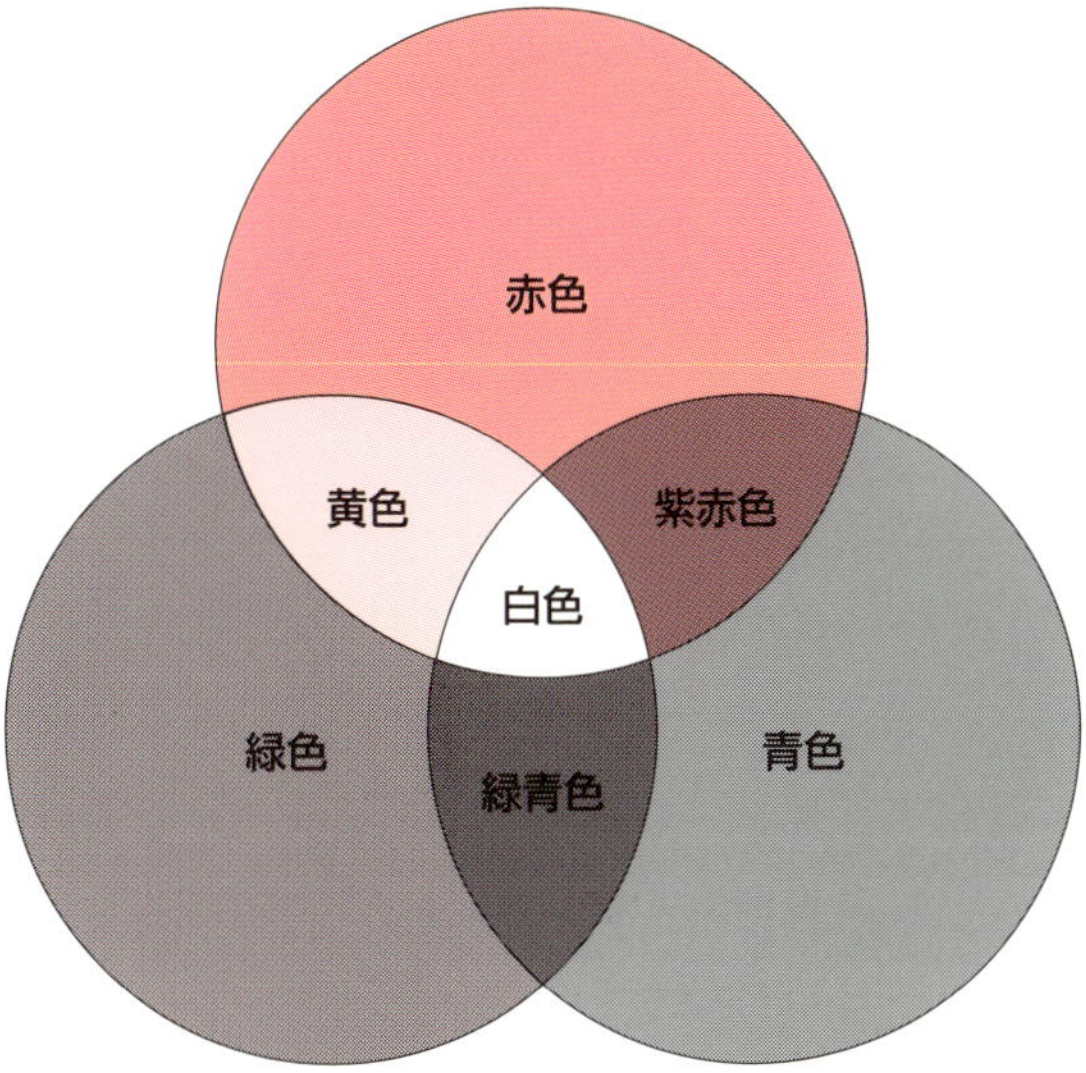

14 色をはかる

可視光の吸収成分の分析と色を表すものさし

色素の色を普遍的に正確に表すために、横軸に波長、縦軸に光の強度、または吸収率、もしくは光の反射率で表示した透過スペクトル、吸収スペクトル、または反射スペクトルで一般的に表します。色素の吸収主波長や着色した材料の可視光領域の透過率、反射率の測定を実際には行います。

また、色素の着色力は、光吸収に対して固有値となる色素のモル吸光係数を測定することで判断します。色素の吸光係数が大きいほど、着色力は高くなります。一般の染料や有機顔料では、濃度の単位がM（モル濃度）、セルの長さが㎝で表されるとき、モル吸光係数と呼ばれ、M^{-1} cm^{-1}の単位で示され、この値が2万〜30万の値となります。

建築やデザインなどの分野では、色合いを示す「色相」、明るさを示す「明度」、鮮やかさを示す「彩度」を数値化した「表色系」を色彩計で測定したもので表したり、色票で色を指定したりします。代表的な「表色系」のマンセル表色系は、特定の観測条件下で、色の色相H、明度V、彩度Cをもとに体系的に配列し、番号や記号で分類された色票を用いて、物体の色の見え方を見比べて色を表示します。

CIE（$L^*a^*b^*$）表色系は、国際照明委員会が推奨した表色系の1つです。明度L^*、色相、彩度を示す色度を、一定の知覚的な色差に対応するよう、定められた均等色空間上の座標a^*、b^*で表示します。

CIE（$L^*C^*h^*$）表色系は、$L^*a^*b^*$表色系のL^*と彩度であるC^*と色相角度h^*で表示します。

ハンター表色系では、色を明度Lと、心理的な四原色の赤〜緑（a軸）と黄〜青（b軸）で表した色度の軸で表します。主に塗装関係で使用されています。

CIE（XYZ）表色系では、特定の観測条件下で三刺激値と呼ばれるX、Y、Zを用いて、加法混色によって混色系を表示します。

要点BOX

- ●可視光の吸収波長成分で色を区別
- ●着色力はモル吸光係数で決定
- ●色の表示は、色彩計や色票を活用する

1,4−ジアミノアンスラキノン−2,3−ジカルボキシイミドのクロロホルム溶液中の透過および吸収スペクトル

色素の色を正確に表すために用いる図の例

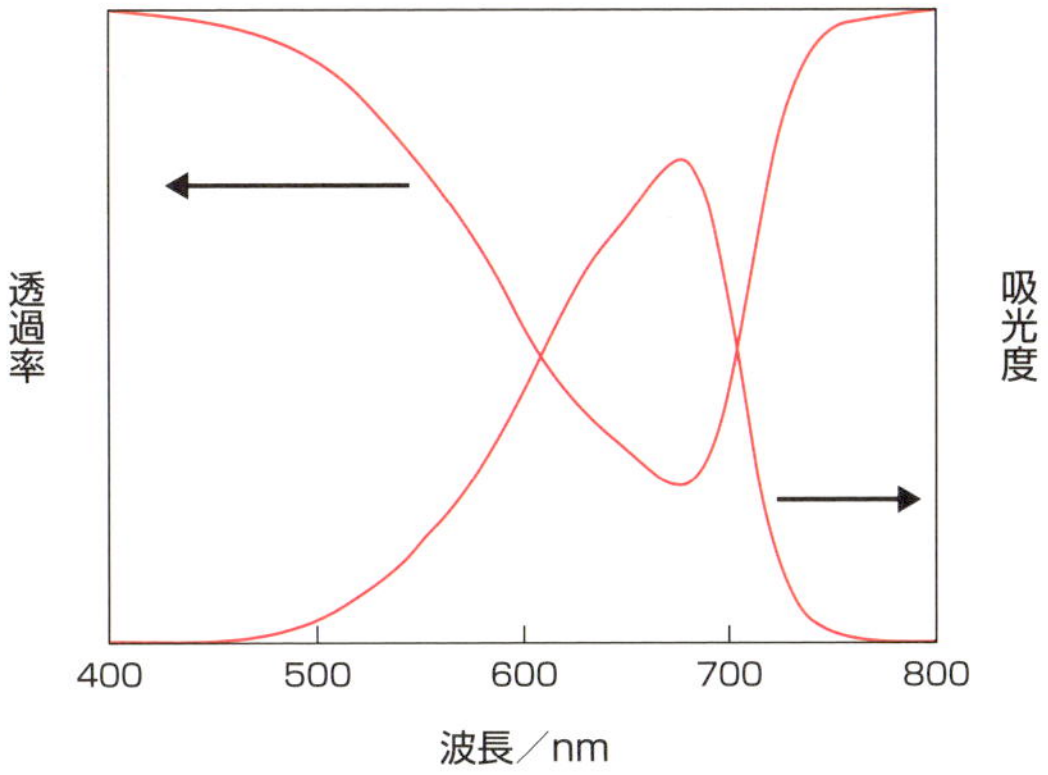

マンセル表色系における色彩の三属性

色相	赤、黄赤、黄、黄緑、緑、青緑、青、青紫、紫、赤紫のアルファベット(R、YR、Y、GY、G、BG、B、BP、P、RP)とその度合いを示す0〜10を組合わせて標記し、色合いを表す
明度	暗い色を0、明るい色を10として数値で明るさを表す
彩度	黒、白、グレーなどの無彩色を0、鮮やかな色ほど数値が大きく14までの数値で鮮やかさを表す

国際照明委員会が定めるCIE(XYZ)表色系色度図

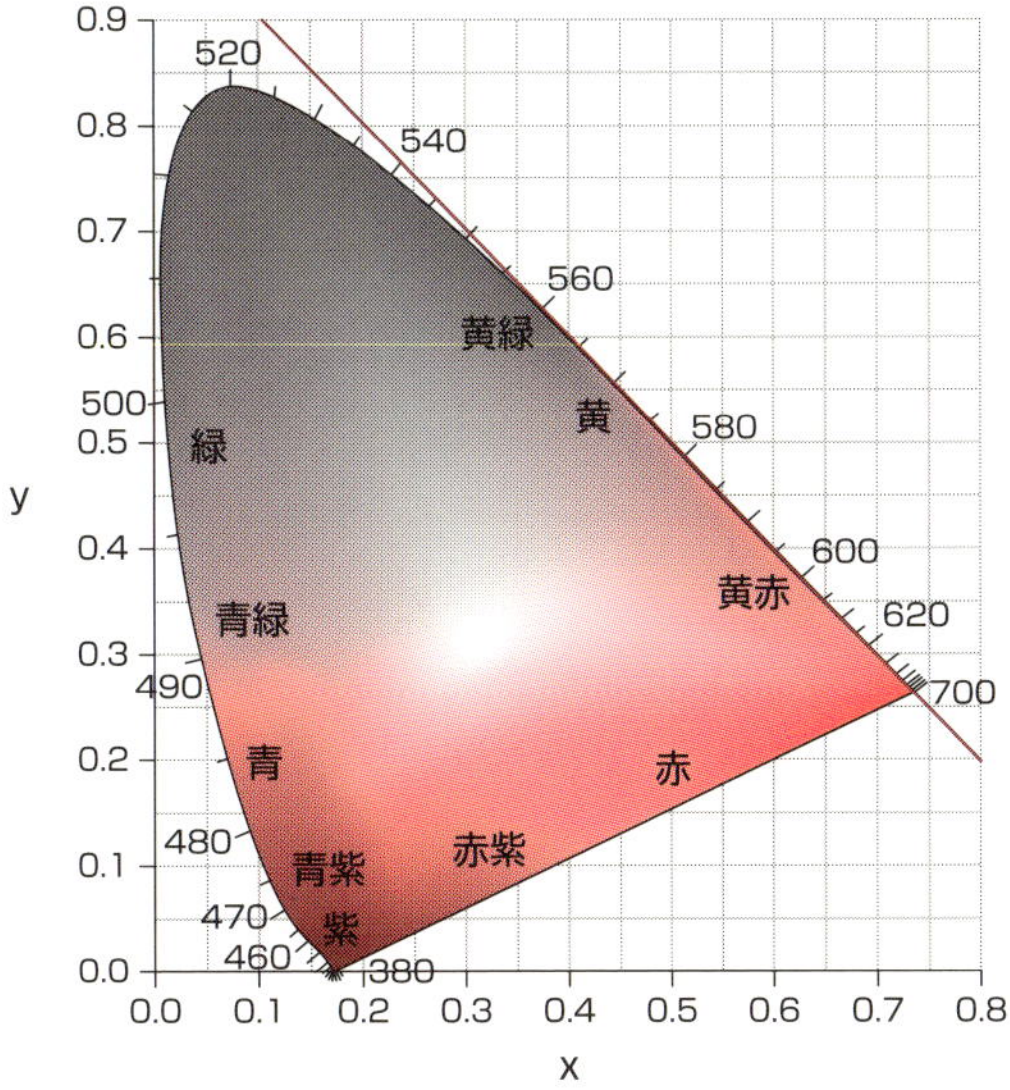

15 色の予測

コンピューターによる吸収波長や分光反射率の計算

　同じ色素を使用しても、顔料であれば粒子径や用いる素材の樹脂や形状が異なると反射率も変化し、実際に見える色は大きく異なります。特に印刷業界では、印刷によって再現される色を予測することは重要であり、再現される色や分光反射率を高精度に予測することが求められています。このため、用途に応じたカラーマネジメントシステムなどのプログラムが開発されています。

　染料や有機顔料の色は、分子の電子状態から吸収波長を計算して予測できます。色素分子の電子状態の計算には、分子軌道理論を用いますが、近似の程度によって半経験的方法と非経験的方法で計算されます。一般に、色素分子の遷移エネルギーの計算には、色素分子のπ結合が、構成している原子のp軌道の1次結合で表されると仮定して、半経験的積分値を用いた分子軌道法から計算されます。色素分子が吸収する光の波長は、色素分子の分子軌道計算プログラムを用いて、励起エネルギーを計算すれば求めることができます。分子の基底状態における電子構造と最安定な幾何学構造をはじめに計算で求め、実験データに基づく半経験的手法で光吸収によって生じる励起状態を求め、吸収波長を予測することが行われてきました。

　今日では、このような分子軌道法の代わりに密度汎関数を用いて、励起エネルギーや振動子強度が計算され、色素の吸収スペクトルの予測が行われています。このような計算値と溶液中の色素の吸収波長は比較的良い一致が認められています。また、アゾ系色素やトリアリールメタン系色素などでは、色素の吸収波長をハメット式に適用すると直線関係が得られ、置換基効果から色素の吸収波長の予測も行うことができます。しかし、実際の着色した材料では、色素の光吸収の他に、素材の影響があり、このような理論計算だけで、実際の色を正確に予測することは困難です。

要点BOX

- ●計算機化学による色素の吸収スペクトルの予測
- ●カラーマネジメントシステムによる印刷色の予測

密度汎関数により計算した色素(1)のHOMOとLUMOの電子の状態密度の例

染料や有機顔料の色を予測するために、HOMOとLUMOを計算する

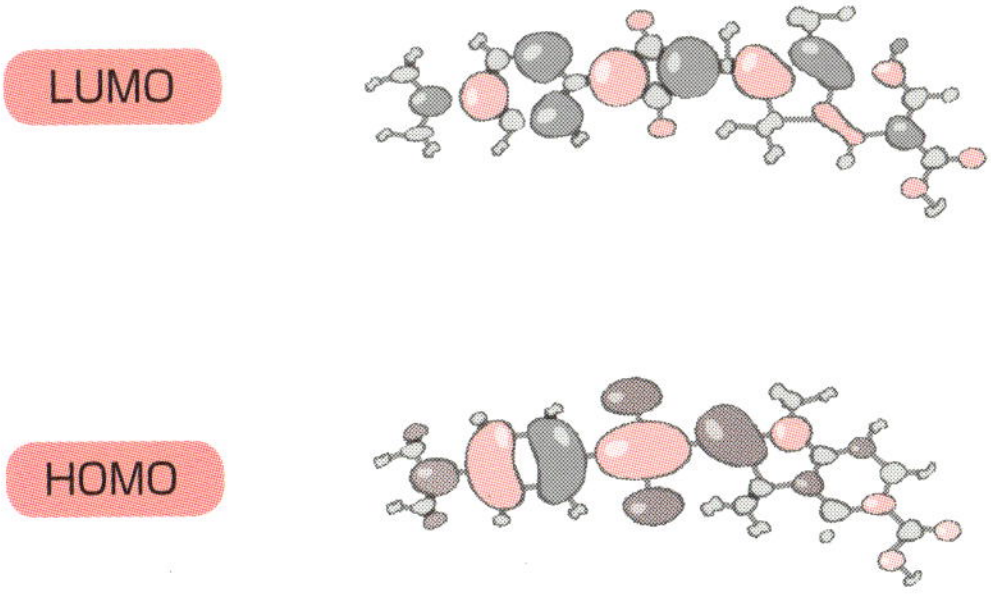

計算するために対象とする分子を決める

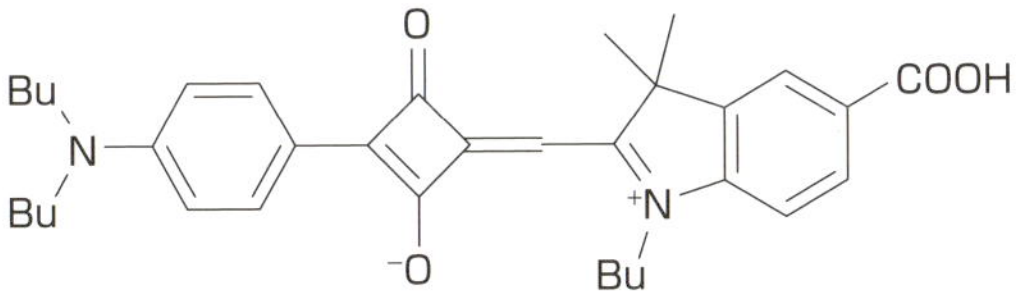

(1)

置換したマラカイトグリーン(2)の波数シフト($\nu_x-\nu_H$)との関係

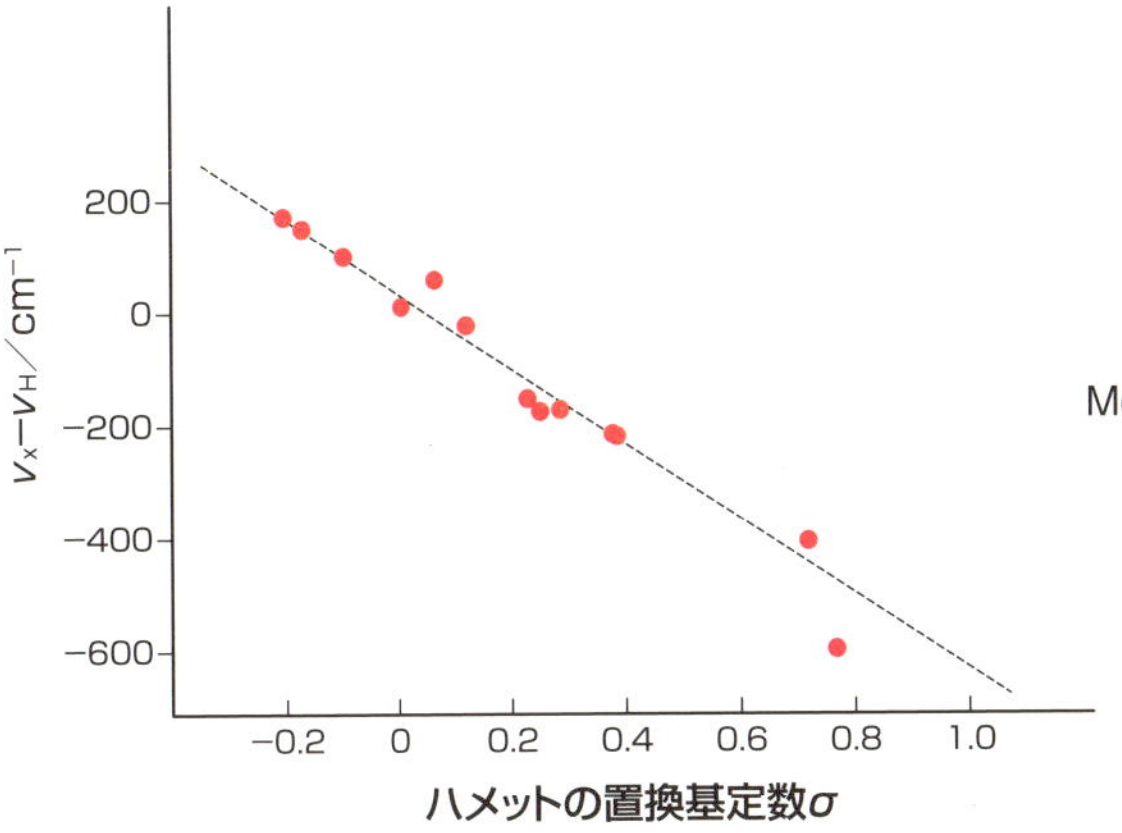

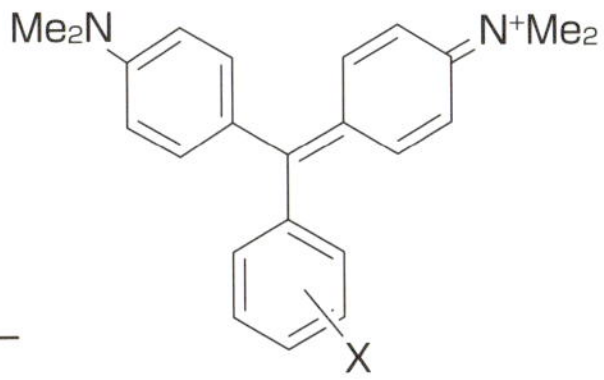

(2)

16 色の見える感度

周りの明るさによる視感度の変化と色覚異常

人間の目で見分けることができる色の範囲は、明るいところと暗いところではかなり違いがあります。明るいところから暗いところに入るとしばらく何も見えません。しかし時間がたつと眼の感度も上がって、色の見分けはできませんが見えるようになります。この現象を「暗順応」といいます。また、暗いところから明るいところに急に出ると、逆の現象が起こります。これを「明順応」といいます。これら暗順応と明順応のときの人間の視感度曲線の位置が変化します。

視感度曲線とは、人間の目が光の波長ごとに明るさを感じる強さの度合いを曲線で示したもので、最大感度となる波長での感じる強さを1として数値で表しています。

明るい場所では、555㎚付近の光に最も感度が高いということになります。このことは、この付近で吸収を示す色素のわずかな色の違いを見分けることができることを示していますが、薄い黄色の物体（青または紫の光を吸収する物体）は、よく見分けることができないことを表しています。

一方、薄暗くなると（暗順応のとき）、視感度のピークは507㎚に移動し、黄色やオレンジ色の物体はよく見分けることができますが、青い物体（赤の光を吸収する物体）はほとんど見えないことを意味します。

可視光の各波長に応じて起こる感覚を「色覚」といいます。色の感じ方が大勢の人と違う色覚異常の日本人での頻度は、男性の約5％に見られ、女性は、0・2％です。色覚異常のほとんどの人は、隣り合った色などが見分けにくい場合が多いです。例えば、緑と赤の区別がしにくいのであって、赤や緑が見えないのではありません。これは目の網膜で感じるセンサー部分で、緑の光のセンサー感度が低下しているために起こると考えられています。

見分けにくい色の組合せは、赤色ー緑色、橙色ー黄緑色、茶色ー緑色、青色ー紫色、ピンク色ー水色などです。

要点BOX
- ●視感度の変化による見やすい色、見にくい色
- ●隣り合った色などが見分けにくい色覚異常

明順応と暗順応の比視感度

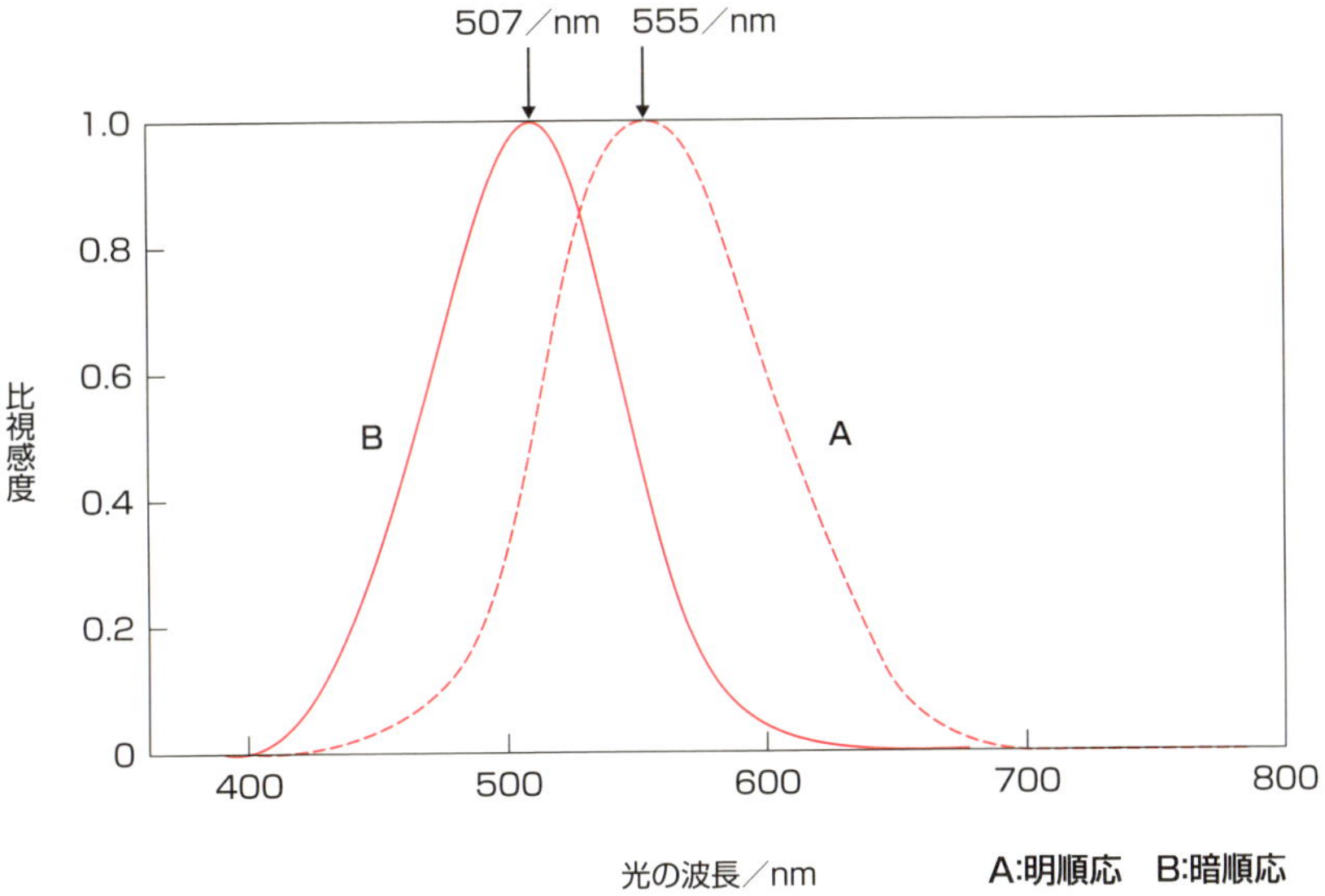

石原式色覚検査に使用されるドットで描かれている文字

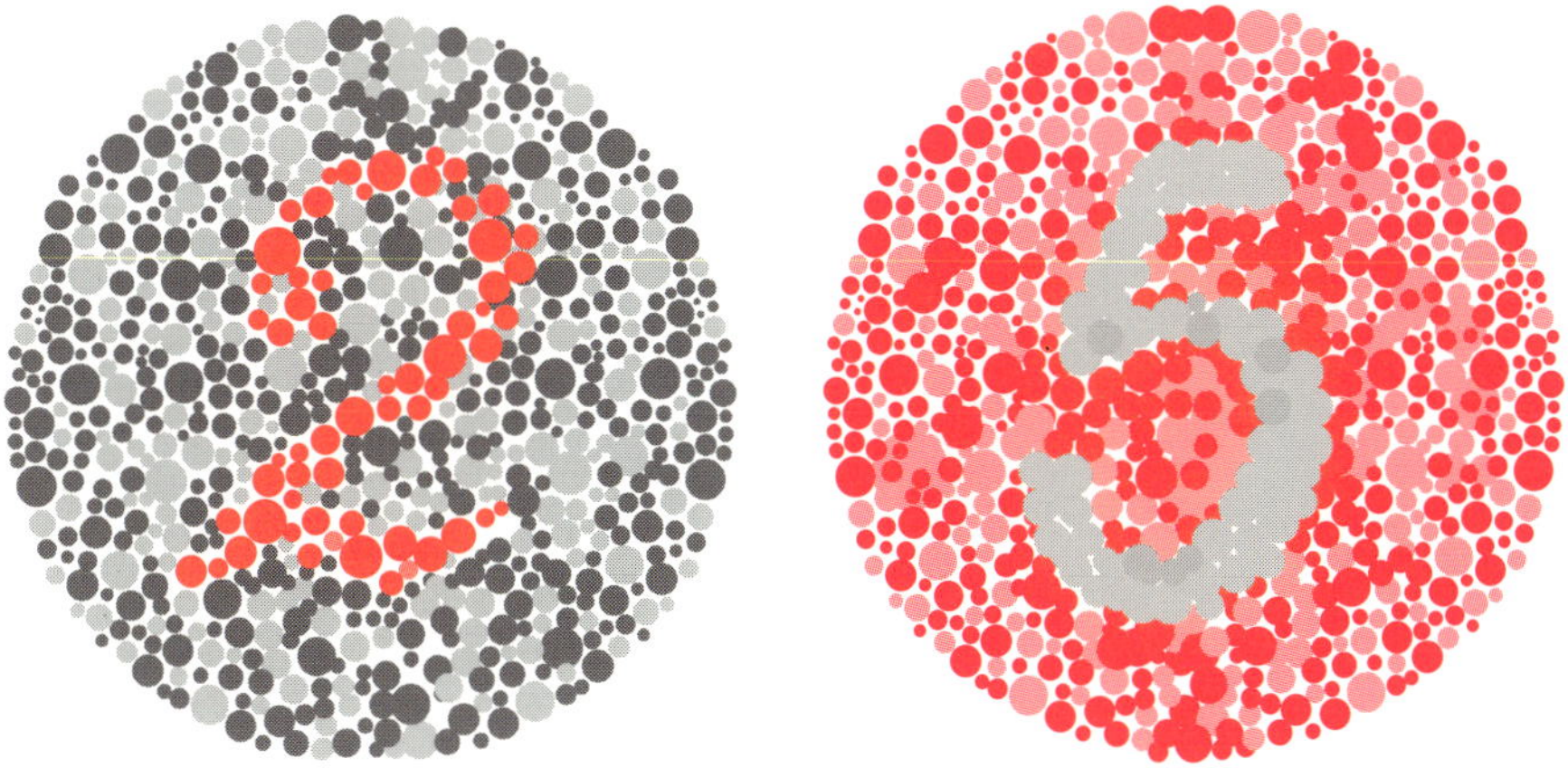

(a)
緑色系統のなかに赤で書かれた文字

(b)
赤色系統のなかに緑で書かれた文字

17 顔料の性質

粒子の大きさと形状

顔料は水、油、有機溶媒などには溶けません。使われるときはいつも固体粒子の状態です。同じ顔料でも大きさが異なると色味や透明感が違います。例えば二酸化チタンを白色顔料として使う場合は粒径200～300㎚が良いのですが、紫外線防御顔料として使う場合は100㎚以下のほうが適しています。着色顔料でもカラーフィルターに用いるものは透明性の点から粒子径が小さいものが向いています。

このように粒子の大きさは光学特性に影響を与え、微粒子ではその粒径が光散乱と隠ぺい力に大きく影響します。散乱係数の波長と散乱粒子の大きさに関わるパラメーターを式1に示します。αが1以上は幾何光学近似、1に近い場合はミー散乱で、雲が白くなるのは水滴の大きさがこの領域だからです。1より小さい場合はレイリー散乱となり、窒素や酸素の分子の大きさの散乱で空が青く見えます。また、顔料の粒子径が大きくなると溶媒のなかで沈降し易くなり、分散安定性が悪くなります。

粒子の大きさは粒度測定装置で測定することができます。方法としては、粒子が沈降する速度から求める方法や光の回折・散乱から求める方法、さらには電流／電圧、静電気、超音波などを用いる方法があります。

もう1つは粒子の形状です。形状は球状、板状、立方体状、紡錘状、針状、不定形があります。板状粒子は光輝性や艶などを与えますし、球状粒子は摩擦を減らします。不規則形状の粒子を表すには形状係数と形状指数の2つがあります。形状指数では円形度、長短度（アスペクト比）があり、板状粒子の厚みの比を表すときによく使います。

大きさと形状との組み合わせで充填性、流動性、付着性、凝集性、飛散性、圧縮性、分散性が変わります。微粒子の流動性の1つの目安として安息角や崩壊角があります。

要点BOX

- 粒子の大きさは光学特性に影響を与える
- 粒子の大きさは粒度測定装置で測定できる
- 粒子の形状は光輝性や艶などに影響を与える

粒子による光の散乱

$$\alpha = \frac{\pi D}{\lambda} \quad （式１）$$

D：粒子直径、λ：波長

α	散乱	特徴
$\alpha>1$	幾何光学近似	粒径が波長に比べて極端に大きい幾何光学近似の場合は、この粒子の隠蔽効率は粒子の断面積に比例し、粒径が小さいほど光の遮断面積が増える
$\alpha=1$	ミー散乱	粒径が光の波長と同レベルのミー領域では、光散乱が最高になる条件は粒子と媒体との屈折率差が大きく、粒径が波長の1/2前後である。雲が白く見える一因である
$\alpha<1$	レイリー散乱	粒径が波長より極端に小さい場合はレイリー領域となり、散乱係数は波長の4乗に反比例するので、波長の短い青は赤より多く散乱される。空が青く見える原因である

粒度測定装置の比較

測定方法	粒径範囲（μm）	測定現象	利点	欠点
沈降速度法	0.01～300	透過光	安価、簡便	粒子が小さくなると時間がかかる。粒子の密度、屈折率必要。吸光係数の補正が必要
光回折法・散乱法	0.01～3000	回折・散乱パターン	簡便、測定範囲が広い	粒子の屈折率必要。サブミクロンの精度が良くない
光子相関法	0.001～5	散乱強度の揺らぎ	幅広い試料で測定できる。	溶媒の屈折率、粘度の値が必要。散乱強度に依存
電気的検知帯法	0.1～1000	電流／電圧値	粒子推積の計算が可能。	ダイナミックレンジが狭い
FFF法	0.01～1	透過光量	高分解能	粒子の密度、屈折率の値が必要
超音波減衰分光法	0.005～1000	超音波	高濃度でも測定可能。	対象粒子によっては濃度や粒子径が限定される
微分型静電分級法	0.001～0.1	静電気	気相中のナノ粒子の測定が可能	低圧、腐食ガス雰囲気での使用は困難。操作上の安全性

18 表面は別の顔

顔料の表面積、吸着、等電点などの性質

顔料は粒子だとお話ししましたが、粒子が小さくなると表面積が大きくなります。一般に使われている顔料でも1グラム当たり畳1枚程度の表面積をもっています。超微粒子と呼ばれているものでは1グラムで畳30枚程度のものもあります。顔料ではありませんが活性炭などは1グラムで1000平方メートル以上あり、いろいろなものを吸着するので脱臭に使われます。このように表面積が大きいと吸着したり、反応の場になったりするので実際に顔料を取り扱う場合は表面の性質をしっかり知っておく必要があるのです。

特に固体の表面では固体の原子の並びがそこで途切れるため、固体本来とは異なる特異な物理的、化学的な性質が現れます。表面の影響は表面積が増えるほど大きくなります。単位重量当たりの表面積を比表面積と呼び、測定方法としてガス吸着法と気体透過法があります。表面は不安定なのでいろいろなものが吸着しますが、表面の吸着には大きく物理吸着と化学吸着があります。物理吸着は吸着エネルギーとしては小さく、その要因はファンデルワールス相互作用とされています。化学吸着では吸着原子・分子と固体表面を構成する原子の間に化学結合が生じます。化学吸着の場合、単分子以上の吸着が起こらないラングミュア型の吸着等温線になります。

表面にはいろいろなものが吸着して分子種となっています。金属酸化物では水が吸着して表面水酸基ができますが、シリカを例にとれば孤立、ジェミナル、ヴィシナルといった異なるタイプの水酸基が存在します。また、この水酸基はその粒子の等電点より酸性の系ではプラス、アルカリ性の系ではマイナスになります。等電点は粒子分散系のpHを変化させて電位を測定したとき、表面電位がゼロになる点です。このような水酸基は他の化合物と相互作用をするので顔料を扱う場合にも重要です。

要点BOX

- ●粒子が小さくなると表面の影響が大きくなる
- ●物理吸着と化学吸着
- ●等電点より酸性ではプラス、アルカリではマイナス

粒子の固体の性質と表面の性質

吸着等温線

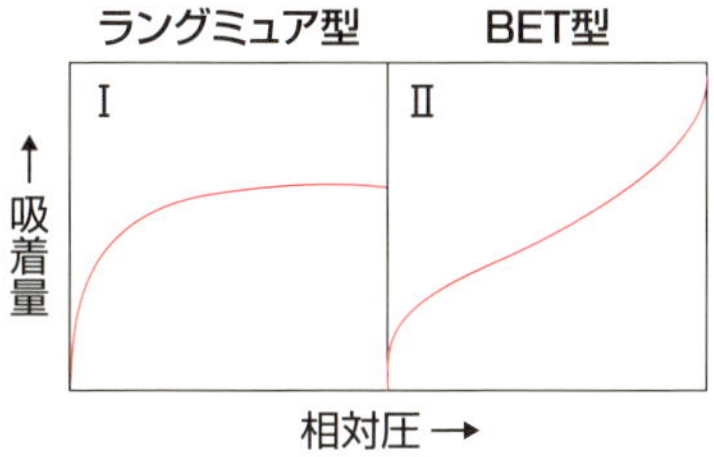

表面水酸基

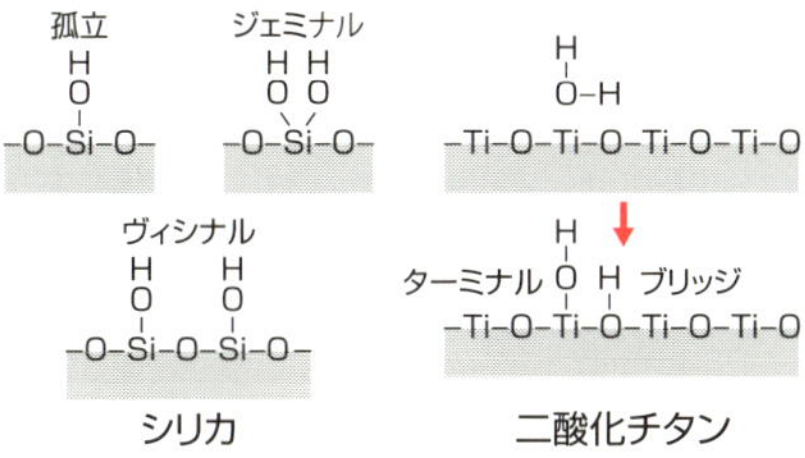

等電点と電荷

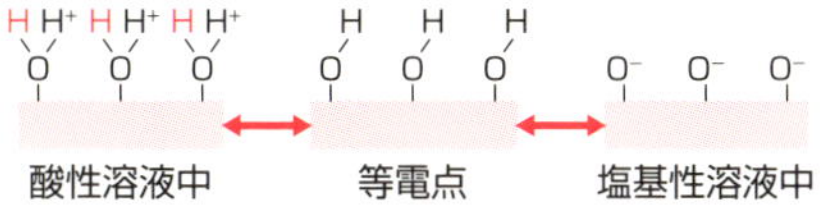

シリカ:pH 2付近
二酸化チタン:pH 6～7
黒色酸化鉄:pH 6.5
赤色酸化鉄:pH 8付近

物理吸着と化学吸着

	物理吸着	化学吸着
吸着力	ファンデルワールス力	化学結合
引力の源	電子分布の分極	電子の交換
電子状態	孤立分子の電子状態は保持される	分子の電子状態が変化し混成状態を生じることもある
力の強さ	弱い	強い
吸着量	多い	少ない
吸着様式	単分子吸着以上(多分子層形成)	単分子吸着以下
脱着	真空引きで可(可逆)	加熱が必要(不可逆の場合あり)
結合エネルギー	24kJmol^{-1}程度	40～400kJmol^{-1}
例	シリカゲルへの窒素吸着	金属表面への水素吸着

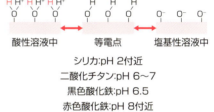

19 顔料の触媒作用

顔料の酸点、塩基点、酸化、還元作用など

固体表面には格子欠陥や様々な吸着種があって、そこが触媒活性点になります。触媒作用とは化学反応の平衡は変えずに、反応の速度のみを変化させることをいいます。顔料に触媒作用があれば顔料が共存する成分を分解し変質させます。例えば化粧品などでは昔は顔料が香料を分解させ、また有効な薬剤を吸着してしまうことがありました。今は表面処理をしている顔料が多いのであまり起こりません。

触媒作用を大別すると酸・塩基と酸化・還元の作用に分けられます。顔料の酸・塩基は高分子の酸・塩基と相互作用して顔料分散にも関連する重要な特性です。

固体表面の酸性質を完全に表現するとすれば酸強度、酸量および酸の種類（ブレンステッド酸かルイス酸か）を明らかにしなければなりません。酸強度というのは、酸点が塩基にプロトンを与える能力あるいは塩基から電子対を受取る能力です。酸量というのは固体表面の酸点の数であり、通常、単位重量当たりあるいは単位表面積当たりの酸点の数あるいはモル数として表わされます。酸・塩基性質の測定法としては指示薬を用いる方法が一般的です。酸点の場合は顔料に吸着した指示薬の色でその指示薬のpKaより酸性かどうかで判断し、滴定によってその量を求めます。

この方法は白い顔料には適していますが、有色の顔料では酸性色の判定ができません。その場合は気体吸着法、熱量計法、ＩＲやＵＶを用いる方法などがありますが、簡便なのはパルス反応装置で酸・塩基触媒のモデル反応を行って判定する方法です。

酸化還元反応は、酸素付加、水素化、脱水素などの酸素あるいは水素原子の移行をともなう反応が多く、遷移元素を含むものが多いのが特徴です。共存する油などが著しく酸化する場合は顔料の酸化能が関係しています。これらの触媒活性点を封鎖するために表面処理する場合があります。

要点BOX

- ●顔料の触媒作用で共存する成分が分解
- ●表面の酸・塩基、酸化・還元作用
- ●酸性質は酸強度、酸性度、酸の種類

顔料の触媒活性

固体酸・塩基
①酸強度・塩基強度
指示薬などで判断
②酸性度・塩基性度
滴定などで求める
③酸・塩基の種類
B酸点:プロトン(H^+)
L酸点:電子対(:)

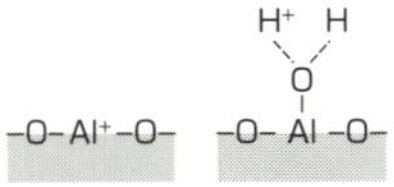

L酸点　B酸点

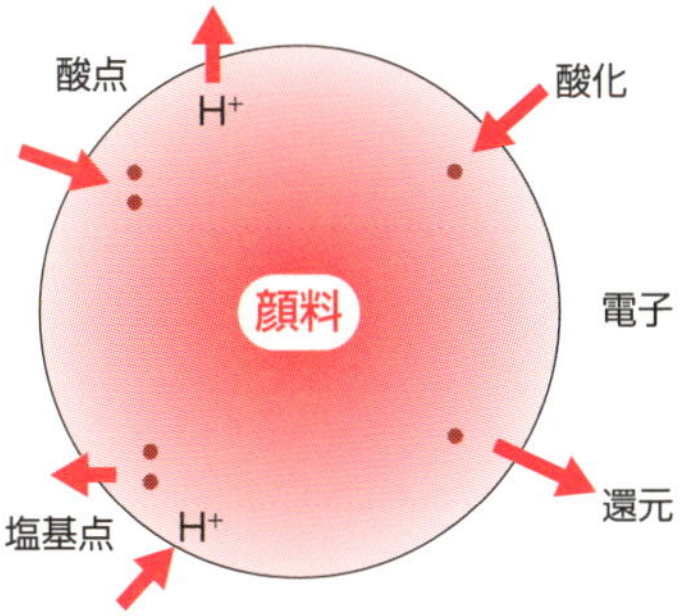

酸強度測定法に使われる指示薬

指示薬	塩基性色	酸性色	pKa
ニュートラルレッド	黄	赤	+6.8
メチルレッド	黄	赤	+4.8
フェニルアゾナフチルアミン	黄	赤	+4.0
p−ジメチルアミノアゾベンゼン	黄	赤	+3.3
2−アミノ−5−アゾトルエン	黄	赤	+2.0
ベンゼンアゾジフェニルアミン	黄	紫	+1.5
4−メチルアミノアゾ−1−ナフタレン	黄	赤	+1.2
クリスタルバイオレット	青	黄	+0.8
p−ニトロベンゼンアゾ−(p−ニトロ)−ジフェニルアミン	橙	紫	+0.43
ジシンナマアセトン	黄	赤	−3.0
ベンジルアセトフェノン	無色	黄	−5.6
アントラキノン	無色	黄	−8.2

塩基強度測定法に使われる指示薬

指示薬	塩基性色	酸性色	pKb
フェノールフタレイン	桃	無色	+9.3
2,4,6−トリニトロアニリン	赤橙	黄	+12.2
2,4−ジニトロアニリン	紫	黄	+15.0
4−クロロ−2−ニトロアニリン	橙	黄	+17.2
4−ニトロアニリン	橙	黄	+18.4
4−クロロアニリン	桃	無色	+26.5
クメン	桃	無色	+37.0

20 顔料が油などに均一に混ざるためには

顔料の分散と濡れ

顔料は粒子なので油などに分散させて使うことが多いですが、分散不良だと色分かれ、色むらなどが生じます。また、塗布した後にブツがある、光沢がないなど質感にも影響を与えます。分散が良くないサンスクリーンを塗るとむらになって日焼けするかもしれません。このように塗料、印刷インキ、化粧品など顔料を使った業界では分散は永遠のテーマです。

分散には大きく①濡れ、②機械的解砕、③安定化という3つの過程があります。濡れの過程では粒子凝集体が液体に濡れて粒子間の凝集力が低下します。ここに分散機のせん断などが加わってより小さな粒子凝集体になりますが、この過程を機械的解砕といいます。この小さくなった粒子凝集体は熱運動などで簡単に再凝集するので再凝集しないようにしなければなりません。この3つの過程がすべて満足された場合に次々と凝集が小さくなって理想的には一次粒子まで分散され、それが安定することになります。

さて、どうすれば固体粒子が液体に濡れるのでしょうか? 濡れるには固体粒子の表面張力が液体の表面張力よりも大きければ良いのです。この組み合わせの場合は、粒子を固めた固体表面に液体を乗せると液滴にならず接触角θがゼロとなって固体表面に広がっていきます。固体粒子の表面張力が液体の表面張力より小さい場合は液滴ができてθがゼロより大きくなります。

濡れの過程では乾いた粒子凝集体に液体が濡れます。これは粒子と空気の界面が粒子と液体の界面に置き換わることです。ここでは粒子と粒子の小さな隙間に液体が毛管浸透することが重要です。そして、大きな隙間から浸透して粒子間の付着力が低下すると機械力による解砕が容易になります。濡れの過程ではウォッシュバーンの式が知られていますが、粒子凝集体の幾何学的因子と液体の因子、それと粒子と液体の親和性に関する因子から構成されています。

要点BOX

- 分散には濡れ、解砕、安定化が必要
- 粒子の表面張力が液体の表面張力より大きければ濡れる

粒子分散の過程

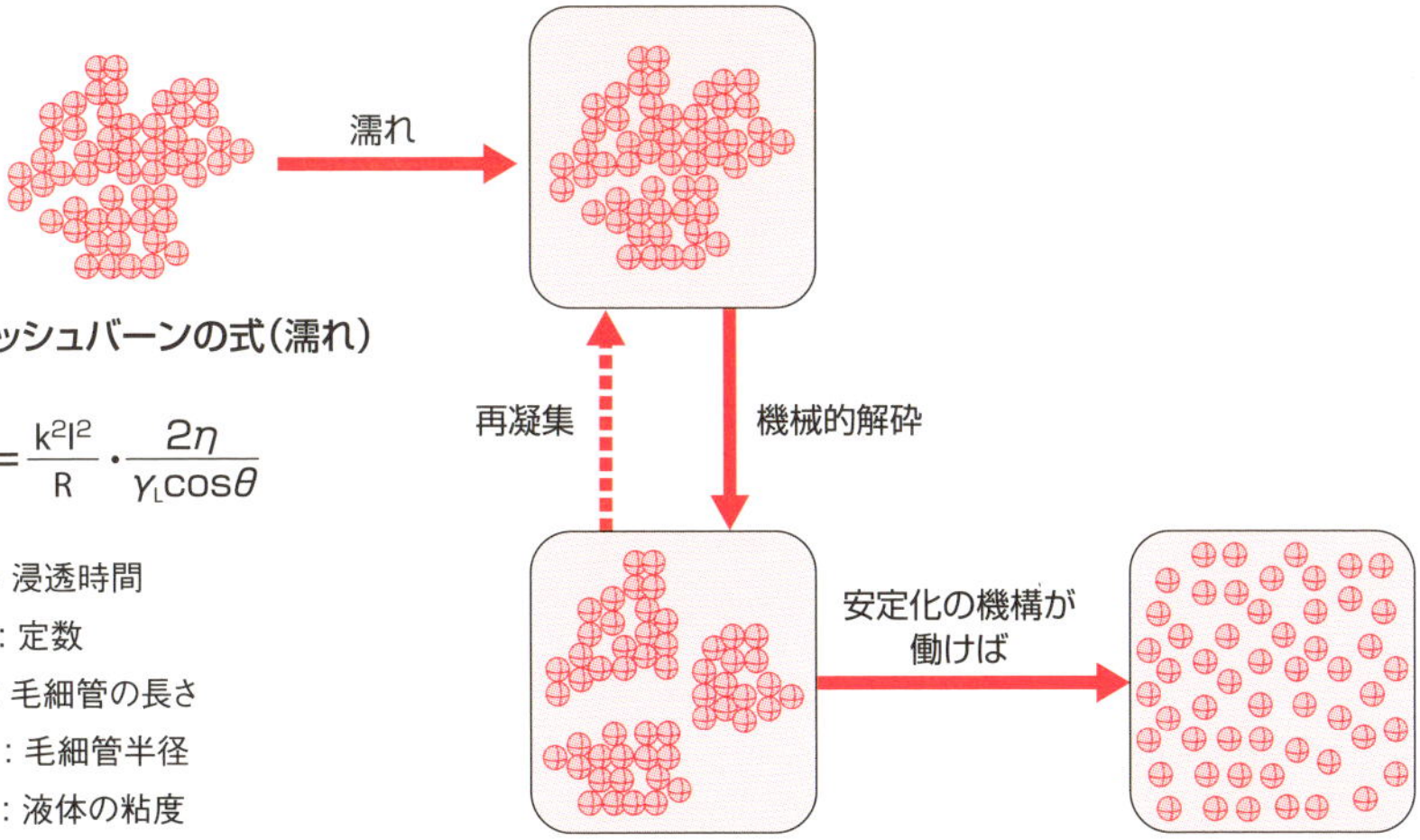

ウォッシュバーンの式（濡れ）

$$t = \frac{k^2 l^2}{R} \cdot \frac{2\eta}{\gamma_L \cos\theta}$$

t：浸透時間
k：定数
l：毛細管の長さ
R：毛細管半径
η：液体の粘度
γL：液体の表面張力
θ：粒子と液体の接触角

接触角とヤングの式

ヤングの式： $\gamma_S = \gamma_{SL} + \gamma_L \cos\theta$

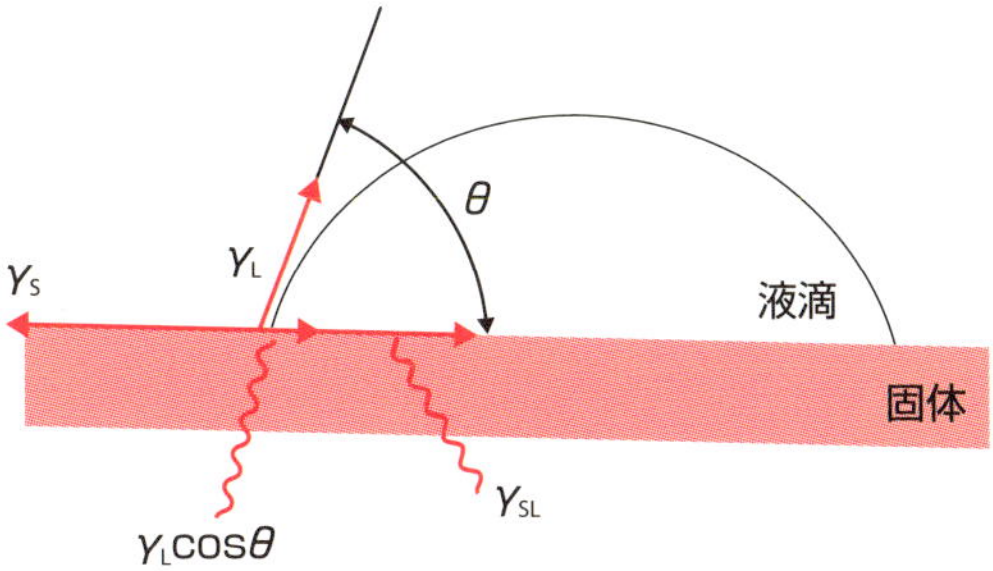

粒子が濡れるためには表面張力がポイント

液体の表面張力（γ_L）
（例）
ヘキサン：18 mN/m
エタノール：23 mN/m
アセトン：23 mN/m
水：73 mN/m

固体の表面張力（γ_S）
（例）
テフロン：18 mN/m
銅フタロシアニン：47 mN/m
カオリン：170 mN/m
銀：900 mN/m

21 機械の力で顔料を細かくする方法

顔料の解砕

前項で、顔料は細かい粒子で均一に分散することによって色や質感などの特性が向上するとお話ししましたが、大きな粒子を小さく、また凝集粒子を小さくするにはどうすれば良いでしょうか? 細かい粒子を作る方法として、粉砕機を用いて固体原料を粉砕する方法があります。この場合、得られる粒子の大きさと粉砕に要するエネルギーとの間にはボンドの式に示される半実験式があります。この仕事指数は粉砕性を表す指標の1つです。この式からわかるように粒子径が小さくなると粉砕エネルギーは急激に増加します。乾式粉砕では1～2㎛よりも細かくすることは難しく、湿式では100㎚まで粉砕することができます。

一方、目的とする粒子径が一次粒子径である原料粉体を入手して解砕し、一次粒子分散系を製造する場合あります。一次粒子とは単結晶や多結晶、また強く凝集しているアグリゲートを呼びます。また一次粒子が集まっている凝集体を二次粒子と呼びます。分散は二次粒子を一次粒子に分割する工程です。解砕に関与する機械力としてはせん断、衝突、キャビテーションがあります。主な機械は以下の通りです。

①高速せん断撹拌機：周速10～25m／s前後の高速で回転する撹拌機です。回転羽根の周囲にはのこぎりの歯のような突起があり効果的に撹拌します。

②ロールミル：2本または3本のロールの微妙な隙間を通過させ、ロール間のせん断力で粒子を解凝集させる分散機です。粘度の高いものに適しています。

③ボールミル：容器にセラミックスなど大きさが数㎜のボールを入れて回転させ、ボールの運動にともなうせん断力で粒子を解凝集させる分散機です。

④ビーズミル：細長いベッセルにディスクを複数枚取り付けた回転軸を挿入し、ベッセル中のビーズを高速度で分散体とともに回転撹拌し、分散させる分散機です。中に入れるビーズが細かいほど微分散されます。

要点BOX

- ●粉砕にはボンドの式
- ●分散は二次粒子を一次粒子にする過程
- ●機械力はせん断、衝突、キャビテーション

破砕と解砕

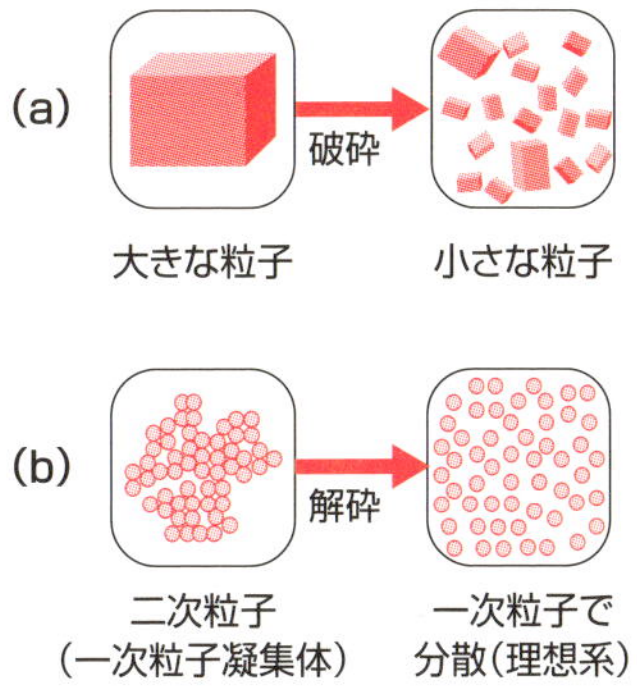

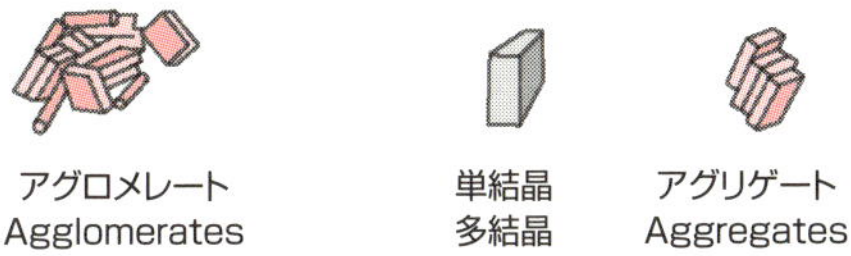

ボンドの式

$$E = W_i\left(\frac{10}{\sqrt{P}} - \frac{10}{\sqrt{F}}\right)$$

E：単位質量当りの粉砕エネルギー[kWh/t]
P：粉砕物の80%通過径[μm]
F：原料の80%の通過径[μm]
Wi：仕事指数[kWh/t]

材料の仕事指数

物質	仕事関数(kWh/t)
金剛砂	62.4
火打石	28.8
安山岩	20.1
ホウケイ酸ガラス	15.2
石英ガラス	14.8
石英	13.3
長石	12.4
滑石	11.8
石灰石	9.4
大理石	6.9
石膏	6.3

解砕に関与する機械力

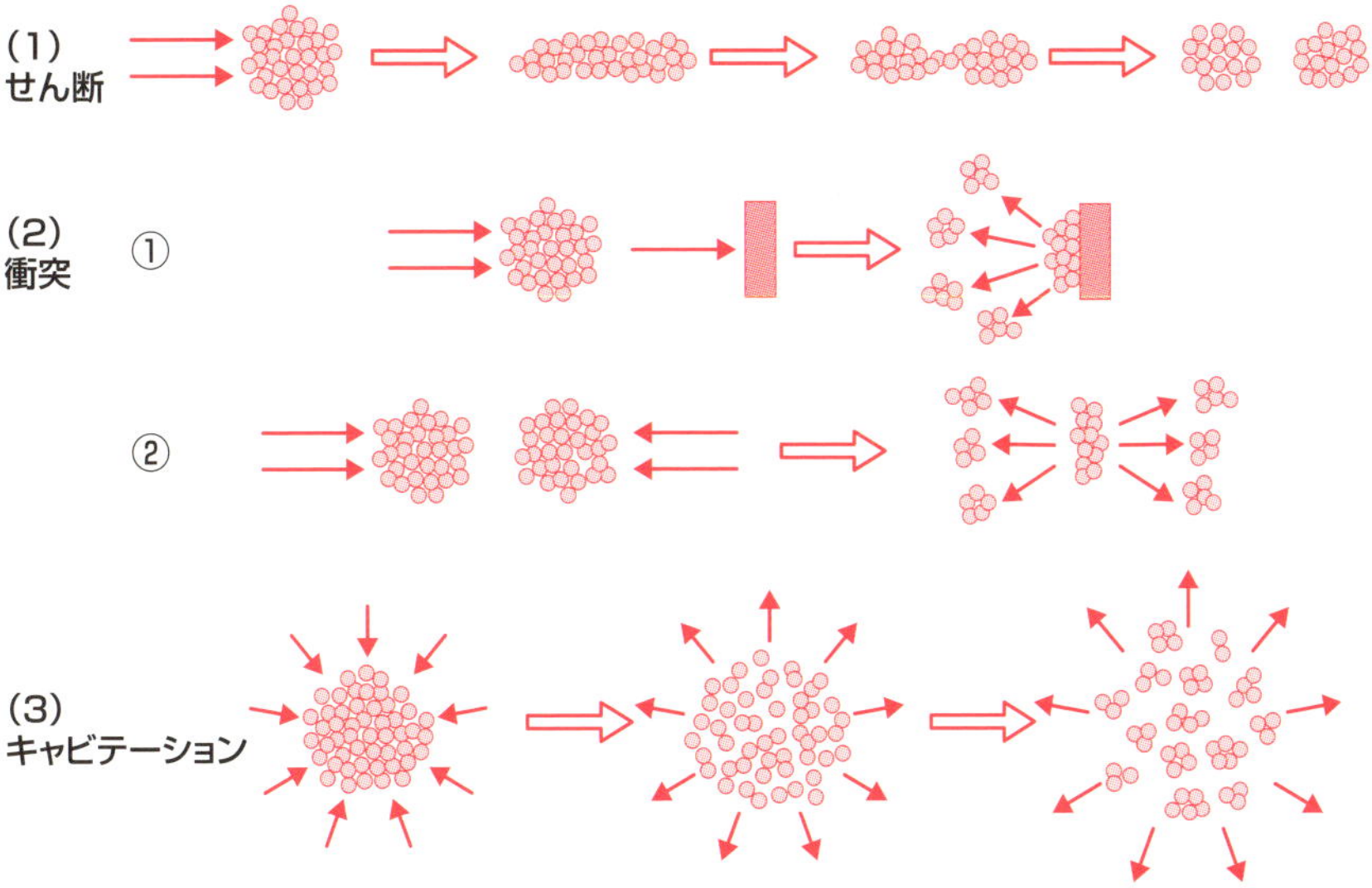

22 顔料の分散安定化

電荷の反発と浸透圧効果

機械力で解砕して一次粒子にしても一次粒子同士が熱運動などで接近してまた凝集してしまうと良好な分散状態を保つことができません。一次粒子同士が接近しないようにするにはどうすれば良いでしょうか？これには2つの方法が知られています。

ひとつは粒子表面に電荷を生じさせ、電荷間の静電的な斥力を利用する方法です。粒子表面にはイオン性の物質などが吸着して電荷が発現します。金属酸化物表面には水の吸着と解離により水酸基が形成されており、その粒子の懸濁されている水溶液のpHによって正や負に帯電します。電荷がちょうどゼロになるpHの値は等電点と呼ばれています。粒子の表面に電荷が発現すると、粒子近傍で正負イオンの数に偏りが生じます。この電位分布の状況を電気二重層と呼びます。ゼータ電位は電位分布をもった粒子が電気泳動などの何かの手段で移動する際、溶媒は粒子と一緒に移動する溶媒和部分と、置き去りにされる部分に分かれますが、この境界（すべり面）における電位のことです。電気二重層をもった粒子が接近すると、粒子間には電気二重層間の重なり合いにより静電的な斥力が働きます。一方、どんな場合でも粒子間にはファンデルワールス力という普遍的な引力が働いています。2つの力を合成した曲線をみると粒子が接近すると斥力によって離れます。この斥力のピークより近づくと今度は引力が働いて粒子同士は合一します。分散させるためには合成した曲線の斥力をなるべく大きくすることです。

もうひとつは粒子の表面に樹脂や分散剤などの高分子を吸着させ、吸着層間の斥力を利用する方法です。高分子鎖が重なり合うと重なり合っていない部分に比べて高分子鎖濃度が高くなるので、浸透圧によって周りから溶媒が流入してくる浸透圧効果と鎖が接近することで圧縮された鎖がもとに戻ろうとする立体障害効果とがあります。

要点BOX

- ●静電的な斥力で分散安定化
- ●浸透圧効果、立体障害効果で分散安定化

粒子周りの電気二重層

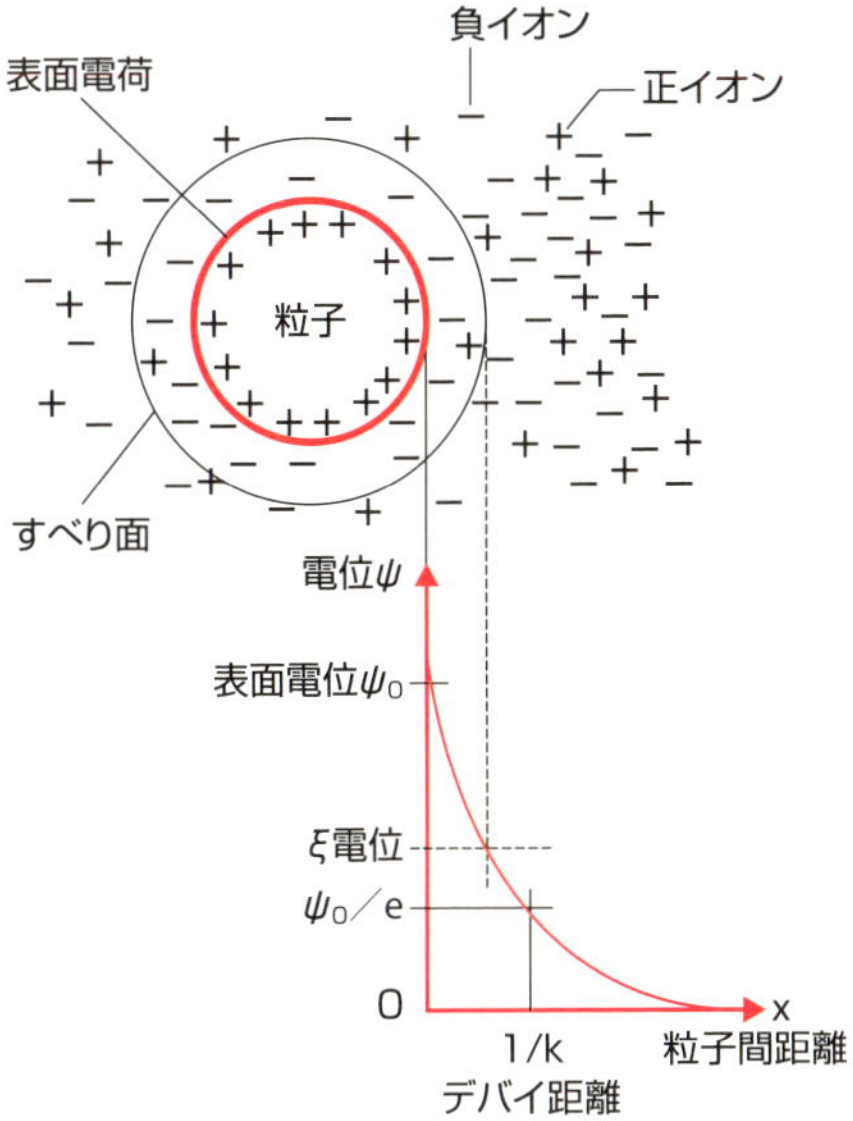

2つの粒子間の距離とポテンシャルエネルギー

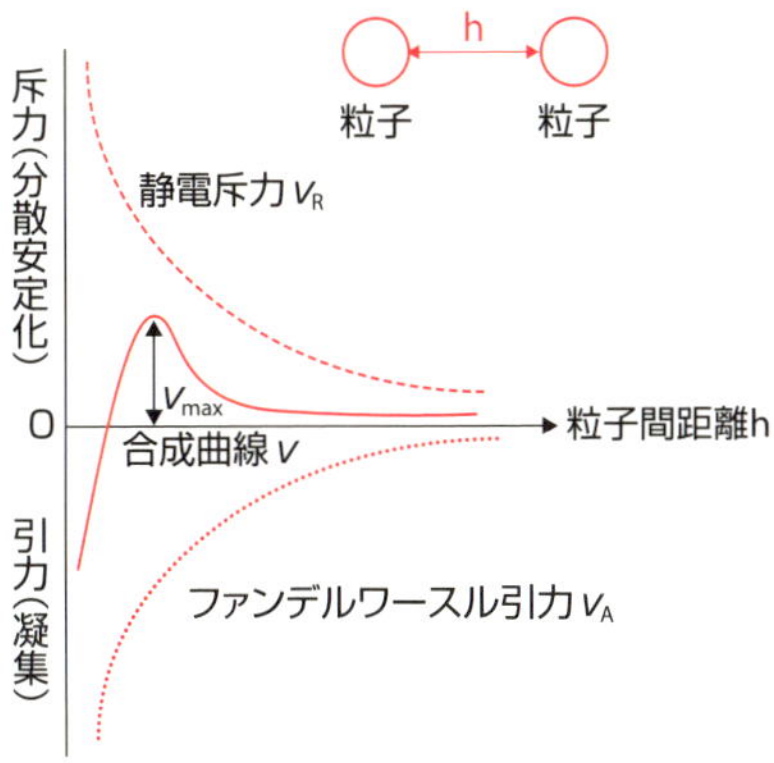

浸透圧・立体障害による安定化

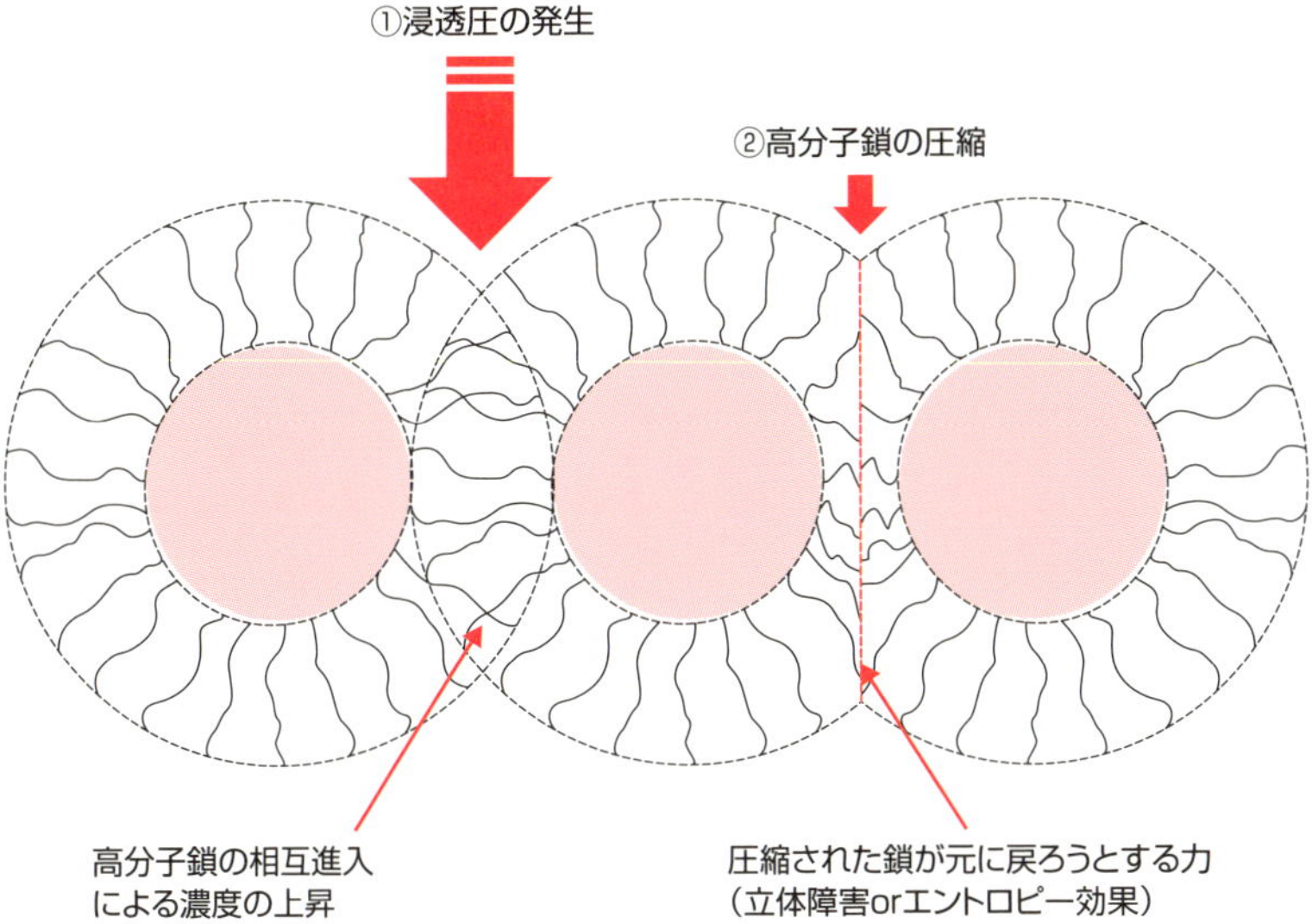

出典：小林敏勝、福井　寛：「きちんと知りたい　粒子表面と分散技術」日刊工業新聞社、2014

23 顔料の表面処理

表面を変化させるか他物質を被覆させる方法

二酸化チタンでは分散性や耐候性の向上のために表面をアルミナやシリカなどで被覆しています。印刷インキでも昔から有機顔料を松ヤニ(ロジン)で処理をして使っていました。顔料をそのまま使う場合もありますが、表面処理して使う場合も多いのです。表面処理によって、表面性状および光学的、化学的、物理的、生物学的、熱的、電気磁気的特性を変化させます。

表面処理方法には大きく、①材料の表面を変化させて目的の表面を作る方法と、②表面を変化させないで他物質を被覆する方法に分かれます。また、おおまかに乾式法と湿式法があります。①の方法としては表面にある官能基のエステル化やシランカップリング剤などを用いて新しい機能性基を導入する場合と、不活性な表面をプラズマ処理などで活性のある表面にする場合とがあります。②の他物質を被覆する方法としては小さな粒子を大きな粒子の周りに被覆するナノ・ミクロン粒子複合化、金属を被覆する無電解めっき法、金属酸化物、金属石鹸、各種ポリマー、シリコーン化合物、フッ素化合物、生体関連物質などのコーティングがあります。①と②を同時に行うメカノケミカル法は固体が粉砕されるときの衝撃力などのエネルギーが熱や化学エネルギーに変化することによって表面処理するものです。

筆者らの開発した機能性ナノコーティングを紹介しましょう。機能性ナノコーティングは二段階の反応で触媒活性のない機能性粒子を得る方法で、一段階目は環状シリコーンによるシリコーンナノコーティングです。この処理で表面に高分子シリコーンの網目が形成され表面が不活性化されます。この網目には反応性のSi-H基が残っているので、そこに機能性基を導入できます。これによって顔料に親水・疎水、保湿性、抗菌性、紫外線防止などの機能を付与し、化粧品や分離剤などに応用されています。

要点BOX
- ●表面を変える方法
- ●表面に他物質を被覆する方法
- ●機能性ナノコーティング

粒子の表面処理によって得られる特性

特性	目的とする具体的特性
表面性状	比表面積、細孔分布、表面張力と表面エネルギー、表面の清浄度、表面層の結晶構造、表面粗度、応力分布など
物理的特性	分散性、親水･疎水性、表面電荷、吸湿性、結露性、接着性、潤滑性、硬度、密着性、耐摩擦性、使用性など
電気磁気的特性	電導性、絶縁性、導波性（高周波、マイクロ波、ミリ波）、抵抗特性、磁性、電磁波遮蔽効果、光電効果、エレクトロクロミズム、静電特性など
光学的特性	色（光の吸収、反射、透過、干渉）、光散乱、光沢度、光半導体的性質（光触媒性、光電効果）、蛍光性、耐光性など
熱的特性	熱伝導性、熱吸収性、熱反射性、熱放射性、断熱性、耐熱性、熱電効果、熱変質性など
化学的特性	化学吸着性、触媒活性（酸、塩基、酸化、還元、光触媒）、化学反応性、難燃性、耐薬品性、耐食性など
生物学的特性	抗菌性、生体適合性、徐放性、スキンケア性など

粒子の機能性ナノコーティング

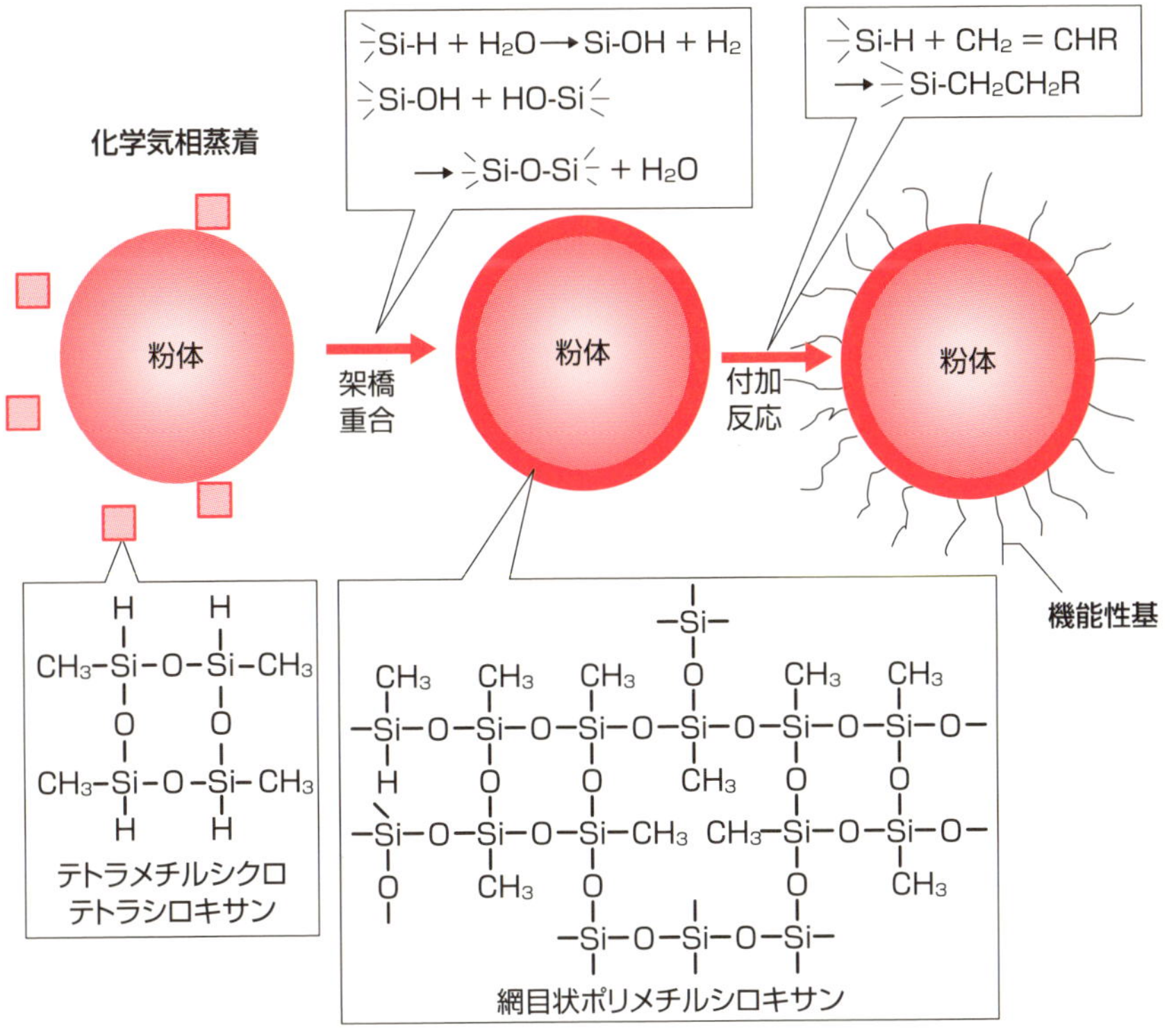

出典：小林敏勝、福井　寛：「きちんと知りたい　粒子表面と分散技術」日刊工業新聞社、2014

青いバラ

　薔薇戦争は、中世イングランドで対立する2つの諸侯による内乱でしたが、その名称は、王家の記章であるヨーク家の白バラとランカスター家の赤バラに由来するものです。このように古くからバラには、赤やピンク、オレンジなどの暖色系の色がありましたが、「青いバラ」は、バラの愛好家のあいだで、長年夢とされ、「不可能」、「存在しないもの」という意味さえ含まれるほどでした。

　普通のバラの色は、シアニジンとペラルゴニジンに由来します。赤や紅色の花びらには、シアニジンが、オレンジ色のバラにはペラルゴニジンが含まれています。青いバラがないのは、リンドウやキキョウなどの青い花に含まれる青色色素のデルフィニジンがバラには存在しないことが主な理由です。交配を繰り返してつくられた従来の品種改良の青色系のバラは、デルフィニジンを含まず、シアニジンの量を減らすことで、青く見えるように改良されたものでした。花色の主な3成分であるシアニジン、ペラルゴニジンとデルフィニジンは、それぞれの糖成分を含めてアントシアニンと総称されますが、これらの発色成分を比較するとベンゼン環の水酸基の数（1～3個）が異なるだけです。一般にアントシアニンは、酸性下では、赤色、中性近くになると赤紫色、アルカリ側では青色になる性質があります。自然界には存在しない、デルフィニジン型アントシアニンを含む青色のバラは、2004年、世界ではじめて、サントリー株式会社（現サントリーホールディングス株式会社）によって、開発されました。別の青い花から取り出した青色遺伝子をバラのなかで作用するようにした遺伝子組換え技術の研究は、実に14年にも及びました。生産販売までには、様々な認可を経る必要があり、さらに時間がかかりましたが、現在、切り花として日本全国で発売され、「夢かなう」という花言葉で人気のある品種となっています。

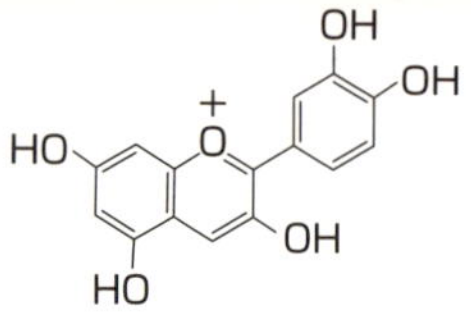

バラが従来持っている色素（シアニジン）

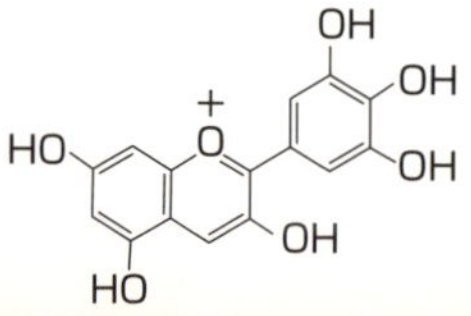

青いバラの青色色素（デルフィニジン）

第3章

衣食住を彩る役者たち

24 化粧は神代の昔から

メーキャップと顔料・色素

ツタンカーメン王の黄金マスクにはアイラインが描かれていることをご存知でしょうか？ 古代エジプトではアイライナー、アイシャドー、染毛などが行われていました。日本でも弥生時代には「赤の化粧」が行われ、奈良時代に中国から紅が入ってきて化粧が盛んになります。紅は「紅一匁、金一匁」といわれ、とても高価でした。江戸時代には紅花からとれる染料（カルサミン）を皿に塗ったものが使われていました。「白の化粧」も古くからあり、白粉が7世紀頃中国から紹介され、日本では僧勧成が鉛白を作って持統天皇に献上した記録が残っています。鉛白は京おしろい、軽粉は伊勢おしろいなどと呼ばれて明治時代に禁止になるまで使われます。一方「黒の化粧」もあり、日本ではお歯黒と眉墨です。黒の化粧は漆黒の髪と白の化粧との調和の上に発達したものと考えられています。江戸時代には白粉や口紅などが特権階級から庶民への習慣に広がっていきました。

メーキャップ化粧品は肌に彩りを与えますが、彩りには染料または顔料を使います。染料には有機合成色素、天然色素があり、顔料には有機顔料、無機顔料、レーキ、高分子があります。有機顔料は鮮やかな色が「売り」ですが退色する傾向があります。有機顔料のタール色素は化粧品基準に定められているポジティブリストに掲載されているものでなくてはなりません。化粧品における無機顔料の役割は大きく、着色顔料は製品の色調を調整し、白色顔料は色を調整するだけではなく、シミやソバカスを隠す目的でも使います。二酸化チタンや酸化亜鉛の超微粒子は紫外線の防御にも使われています。体質顔料は着色より光沢や使用感の調整に使われます。真珠光沢顔料はニシンなどの鱗からとった魚鱗箔が使われていた時代もありますが、現在では二酸化チタン被覆雲母（雲母チタン）が主に使われています。ネイルエナメルなどにはラメも使われます。

要点BOX

- 赤の化粧、白の化粧、黒の化粧
- 江戸時代までは京おしろいと伊勢おしろい
- タール色素はポジティブリスト制

古代の白粉

名称	しろきもの	はふに	はらや
組成・製造法	植物性：米粉 鉱物性：滑石、雲母、白陶土 動物性：貝殻粉	鉛粉：鉛白 塩基性炭酸鉛 $2PbCO_3 \cdot Pb(OH)_2$ 鉛に酢を作用させ、空気中の炭酸ガスを反応させる	水銀粉：軽粉 塩化第一水銀 Hg_2Cl_2 水銀に赤土・食塩などを混合、水で練ったものを原料とし、これを高温で熱し、蓋についた白い粉を得る
特長	伸び、ノリ、つきが良くない	692年に沙門勧成が国産初の鉛で出来た鉛白を国産化。 京おしろい、粉錫、胡粉、丁子香	713年には水銀で出来た軽粉を国産化。 伊勢おしろい、御所おしろい

化粧品に使われる色材

染料 水や油、アルコールなどの溶媒に溶解し、溶解状態で彩色できる色材	**有機合成色素** 合成で作られたタール系染料	アゾ系染料	サンセットイエロー FCF（黄）
		キサンテン系染料	ローダミン B（赤）
		キノリン系染料	キノリンイエロー SS（黄）
		トリフェニルメタン系染料	ブリリアントブルー FCF（青）
		アンスラキノン系染料	キニザリングリーン SS（緑）
	天然色素 動植物由来と微生物由来がある。着色力、耐光性、耐薬品性に劣るが、安全性や薬理の面から見直されている	カロチノイド系	β-カロテン（橙：ニンジン）
		フラボノイド系	カルタミン（赤：ベニバナ）
		フラビン系	リボフラビン（黄：酵母）
		キノン系	アリザリン（橙：西洋アカネ）
		ポルフィリン系	クロロフィル（緑：緑葉食物）
		ジケトン系	クルクミン（黄：ウコン）
		ベタシアニジン系	ベタニン（赤：ビート）
顔料 水や油などに溶解しない色材。分散して使用する	**無機顔料** 古くは天然鉱物を利用していたが現在は合成が主流。耐光、耐熱性に優れるが鮮やかさが劣る	体質顔料	マイカ、タルク、カオリン、硫酸バリウム
		白色顔料	二酸化チタン、酸化亜鉛
		有色顔料	赤色酸化鉄、黄色酸化鉄、群青
		パール剤	雲母チタン、魚鱗箔
		機能性顔料	窒化ホウ素、フォトクロミック顔料
	有機顔料 構造内に可溶性基を持たない合成顔料	アゾ系顔料	パーマトンレッド（赤）
		インジゴ系顔料	ヘリンドンピンク CN（赤）
		フタロシアニン系顔料	フクロシアニンブルー（青）
	レーキ 染料を不溶化した色材	レーキ顔料	リソールルビン BCA（赤）
		染料レーキ	タートラジン Al レーキ（黄）
	高分子粉体 球状は使用性良好。積層板状のものは干渉色が出る	板状粉体	ポリエチレンフタレート- ポリメチルメタクリレート積層粉体
		球状粉体	ポリエチレン、ナイロン、 ポリメタクリル酸メチル

用語解説

ポジティブリスト：原則として禁止されている中で、例外として許されるものを列挙した表

25 美しい肌の演出

自然なファンデーション

動物の色素の代表的なものにメラニン、カロテン、ヘモグロビン、プリンなどがあります。カロテンは鳥の黄色、オレンジ、赤などの羽根の色や肌の色です。プリンは白で、モンシロチョウの羽などに含まれています。メラニンは魚類、両生類、爬虫類の鱗や肌、鳥の羽根、哺乳類の毛や目の色を形成しています。

人ではメラニンは表皮、髪の毛、虹彩などに含まれています。髪はメラニンが多ければ黒髪、少なければブロンドになります。また、虹彩にメラニンが多ければ黒い瞳になり、少なければ瞳は青、灰、茶色になります。表皮のメラニンは紫外線を吸収して皮膚組織を守っています。赤道直下の人々の肌が黒いのは紫外線を防ぐために皮膚にメラニンが多いためで、コーカシアンの肌が白いのはメラニンが少ないためです。

さて、美しい肌というのはどのような肌でしょうか？　人形とどこが違うのでしょうか？　世界中の女性の肌の色を調べた結果、どのような国の人でも肌の色はメラニンとヘモグロビンの2つの因子で決まることがわかりました。しかも人の皮膚では90％以上の光が皮膚の内部に入り込み、この2つの色を反映して皮膚から出ているのです。この半透明こそ自然な肌の色の原因です。

さて、多くの女性はファンデーションを使います。半透明な皮膚の上に不透明な顔料を塗っては不自然ですね。透明な素材で色補正しなくてはなりません。そこで出てくるのが膜厚で干渉色が変わる干渉色パール剤です。この色は黒地では見えますが、白地では白いままです。黒地では透過した干渉色の補色が黒地に吸収されて反射しません。その結果、干渉色がよく見えます。一方、白地では透過した補色が白地で反射して干渉色と混じり色があまりはっきりしません。この干渉色を使って青アザや赤アザを自然に隠すことができます。もちろん、体質顔料や着色顔料を配合して隠ぺい性や肌色の調整を行います。

要点BOX

- ●動物の色素はメラニン、カロテン、ヘモグロビン、プリン
- ●人の肌は半透明
- ●干渉色で肌色調整

肌色の見え方

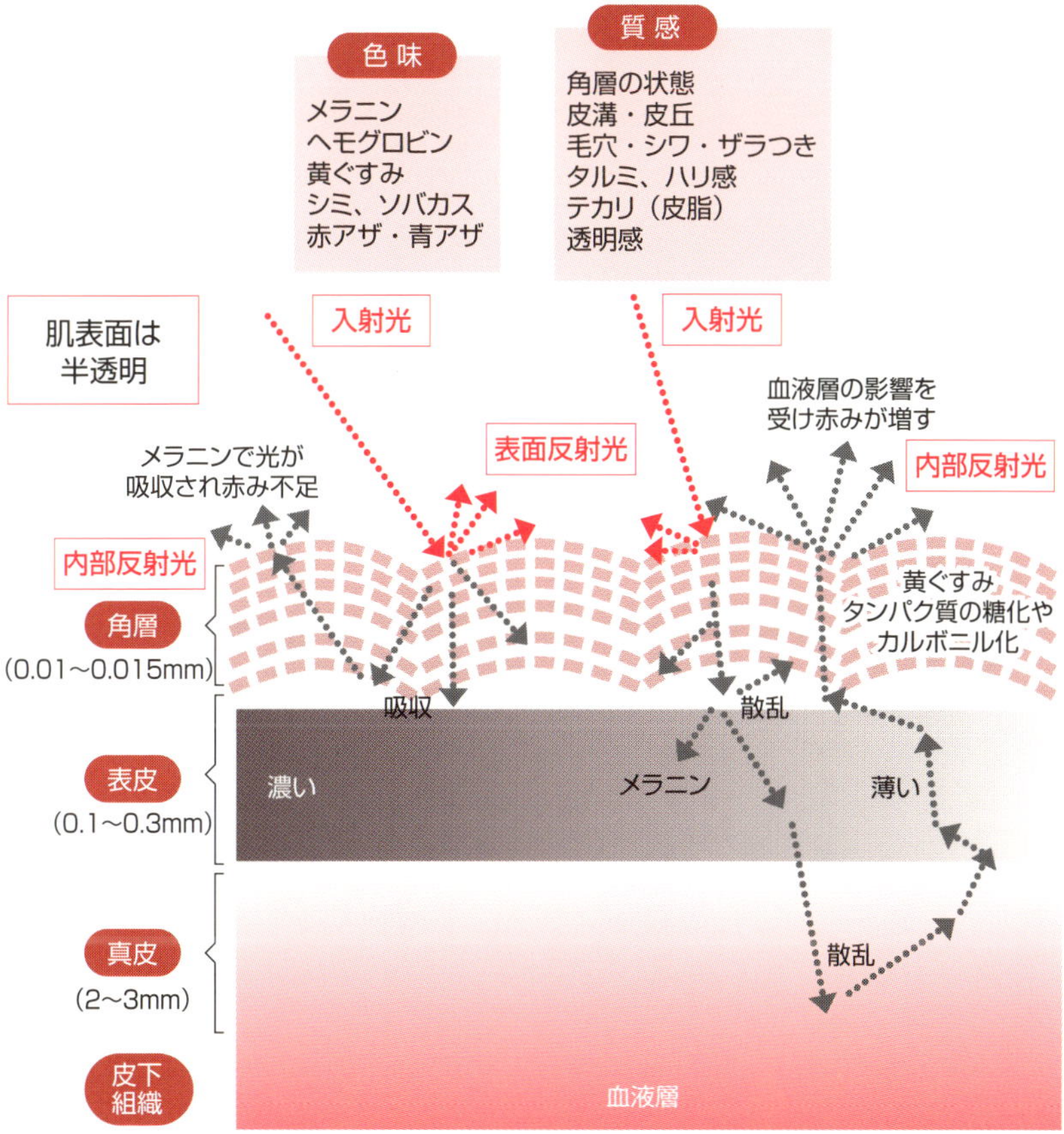

出典：福井寛「おもしろサイエンス　美肌の科学」日刊工業新聞社、2013

赤干渉色パール剤の下地による見え方

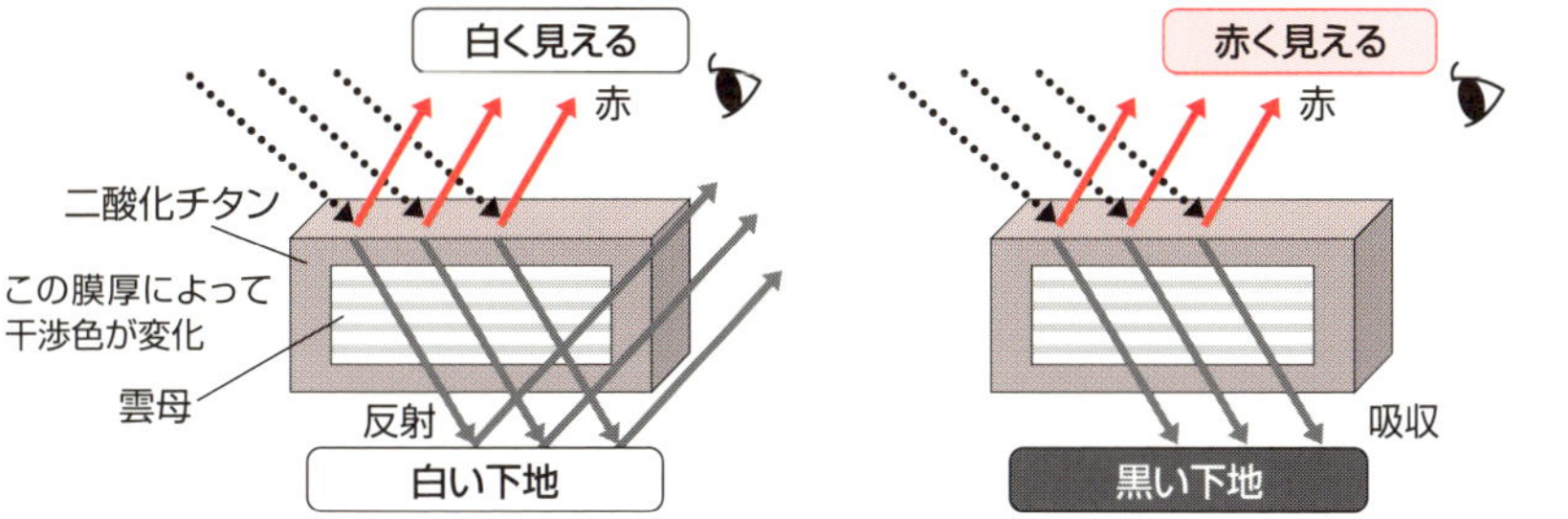

干渉色は赤。赤以外の光が透過。透過した光は白い下地で反射され、赤と混ざって白く見える

干渉色は赤。透過した光は黒い下地に吸収され反射しない。赤の干渉色だけ見える

26 髪の色を染める

ヘアカラーの仕組み

黒髪が濡れると表面の乱反射が少なくなって黒が強調されるだけではなく、干渉色も加わって少し青っぽい黒に見えます。この黒髪がヘアカラーの出現によってカラフルになっています。

ヘアカラーは物理化学的には「毛髪表面または内部に色材を固定すること」であり、薬機法上、化粧品（一時染毛料、酸性染毛料）と医薬部外品（酸化染毛料、ブリーチ剤）に分かれます。性能から見ると、1回のシャンプーで洗い落とされる「一時染毛料」、2週間程度もつ「半永久染毛料」、2ヶ月程度の堅牢性をもつ「永久染毛料」があります。一時染毛料は顔料を油脂や水溶性高分子の粘着性を利用して付着させるもので、毛髪の損傷は少ないものです。半永久染毛料は、染料を毛髪の内部まで浸透させて直接染着するものです。使用する染料は酸性染料、塩基性染料、天然染料、ニトロ染料などがあります。

酸性染料はケラチン繊維にイオン的に結合します。このとき、毛髪のｐＨが酸性になるほど染毛性が向上します。酸性染毛料は酸化剤を含有していないので、脱色力をもたず、黒髪を明るい色に染めることはできません。永久染毛料は染料が毛髪内部で化学反応することによって発色し染毛します。メラニンの酸化分解による脱色作用をともなうので明るく発色させることができますが、毛髪の損傷を受けやすい染毛料です。通常二剤式で、第一剤に酸化染料、第二剤に過酸化水素のような酸化剤が配合されていて、使用時に混合します。この混合物を毛髪に塗布すると酸化染料が毛髪まで浸透し、そこで酸化剤によって酸化重合され、その重合染料が毛髪を染めます。例えばp-フェニレンジアミンはバンドロフスキーベースという中間体を経て黒い染料に変わります。

酸化染料にはそれ自身の酸化によって発色する主染料（染料前駆体）と主染料との組み合わせでいろいろな色を出す調色剤（カップラー）があります。

要点BOX

- 永久染毛料は染料が毛髪内部で化学反応
- 半永久染毛料は毛髪内部まで浸透染色
- 一時染毛料は毛髪表面に顔料を付着

染毛の過程

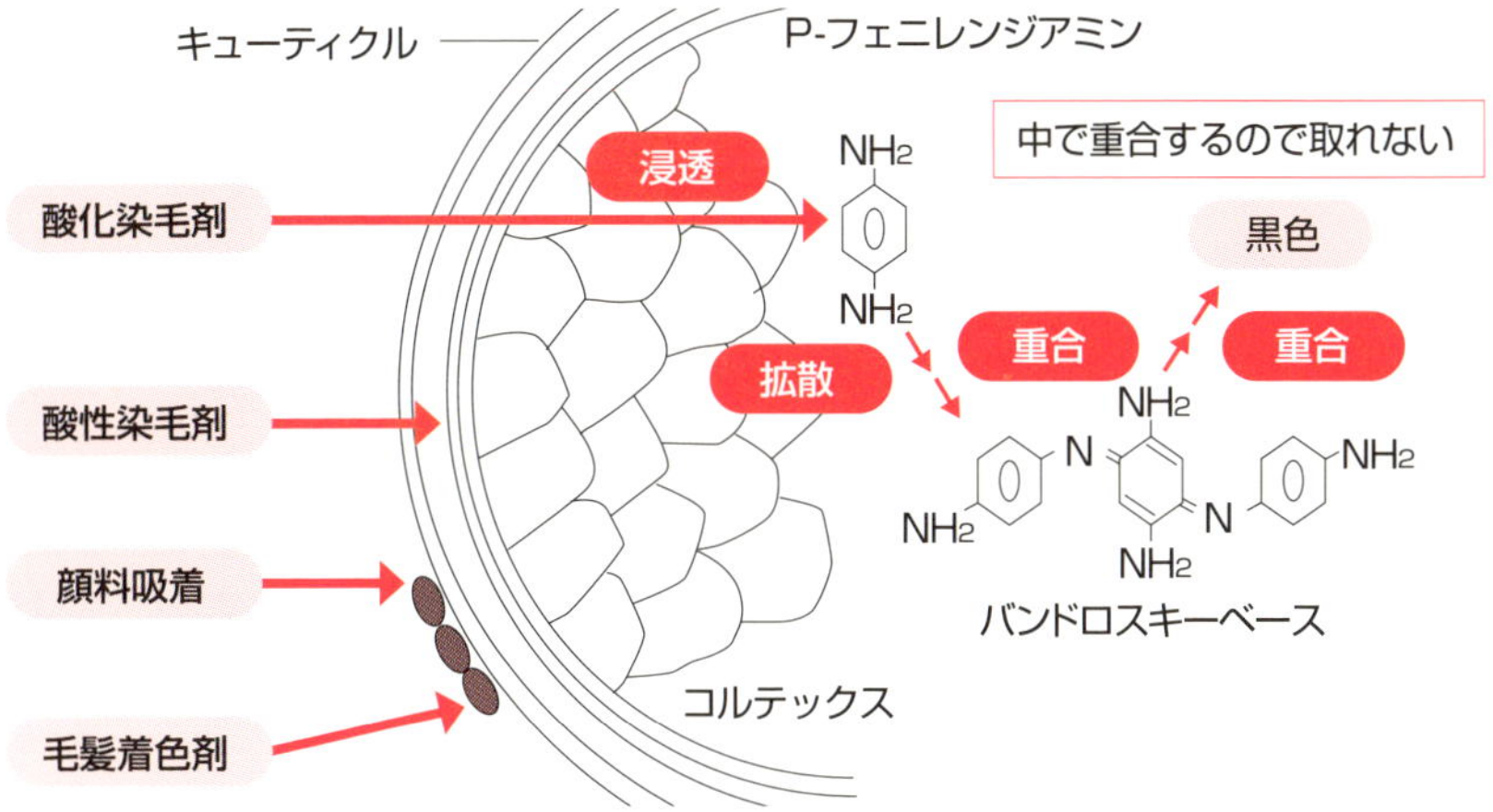

染毛剤の種類と特徴

毛髪	タイプ	染毛機構	特徴
白髪 コルテックス キューティクル	●**1剤** △染料中間体 アルカリ剤 ●**2剤** 酸化剤	染料中間体 浸透 酸化剤 酸化重合 白髪染め	●**永久染毛剤（酸化染毛剤）** 反応を伴う染料を用いる。酸化染料を主に用いるがポリフェノールやメラニン前駆物質もある。 ●**染料中間体**：o-、p- フェニレンジアミン、アミノフェノールなど。
黒髪 メラニン		染料中間体 浸透 酸化剤 染料中間体の酸化重合 おしゃれ染め メラニンの酸化分解	
白髪	●**直接染料** ■ 溶剤：ベンジルアルコール等	酸性染料の浸透 黒髪でも可 （黒髪では明るい色に染まらない）	●**半永久染毛剤（酸性染毛剤）** 直接染毛し、反応を伴わない。主に酸性染料を用いるが塩基性染料、天然染料なども用いる場合あり。
	●**顔料** ⬬ 各剤型に分散	顔料の付着 黒髪でも可 （黒髪では明るい色に染まらない）	●**一時染毛剤（毛髪着色剤）** **顔料**：カーボンブラックなど。 有機、無機顔料 安全性高い

27 紺屋の白袴

藍はなぜ染まるのか

紺屋とは染物屋さんのことですが、染物の仕事をしているのに自分は白い袴をはいていることを「紺屋の白袴」といいます。他人のことばかり忙しくて自分のことができないという意味ですが、染物をしているときに自分の白い袴をまったく汚さないという職人の誇りを表しているともいわれています。

さて、藍染めは植物の藍からとった染料、インジゴで布などを青く染める技術です。一度染めた青の布は何回洗濯しても色が抜けません。これは考えるととても不思議なことです。藍の染料を繊維に染み込ませるために、染料は水に溶けなくてはなりません。染み込むときは水溶性で、染みついた後は水に溶けなくなるのはなぜでしょうか? ここに酸化・還元という化学反応が関与しています。藍の葉からとった染料の原料はインジカンと呼ばれる配糖体で、糖がついています。これが発酵すると菌がインジカンを分解して糖を外し、インドキシルにします。これは酸化されやすく、空気中の酸素と反応してインジゴになります。このインジゴは水に溶けないのでこのままで染色することはできません。実は菌はここでも活躍します。インジゴを発酵させると菌が水素を発生し、それによってインジゴが還元されてロイコ型インジゴになるのです。このロイコ型インジゴは無色ですが、水にはよく溶けます。このロイコ型インジゴで繊維を染めても色はつきませんが、空気にさらすと徐々に酸化されて水に不溶の青いインジゴになります。

さくらは染料として、古くから茶色に染めるのに用いられましたが、花ではなく樹皮、幹材、緑葉を用います。そのままでは色が出ないのでやはり金属の力を借ります。これを媒染といいます。

このように古《いにしえ》の人たちは草木のなかにひそむ色素を取り出して灰汁の金属で色素を定着させ、時間と労力をかけて華麗な色彩の衣服を生み出してきたのです。

要点BOX

- ●建て染めは酸化・還元の利用
- ●媒染は金属イオンの利用
- ●さくらは花ではなく樹皮などで染める

藍染めの仕組み

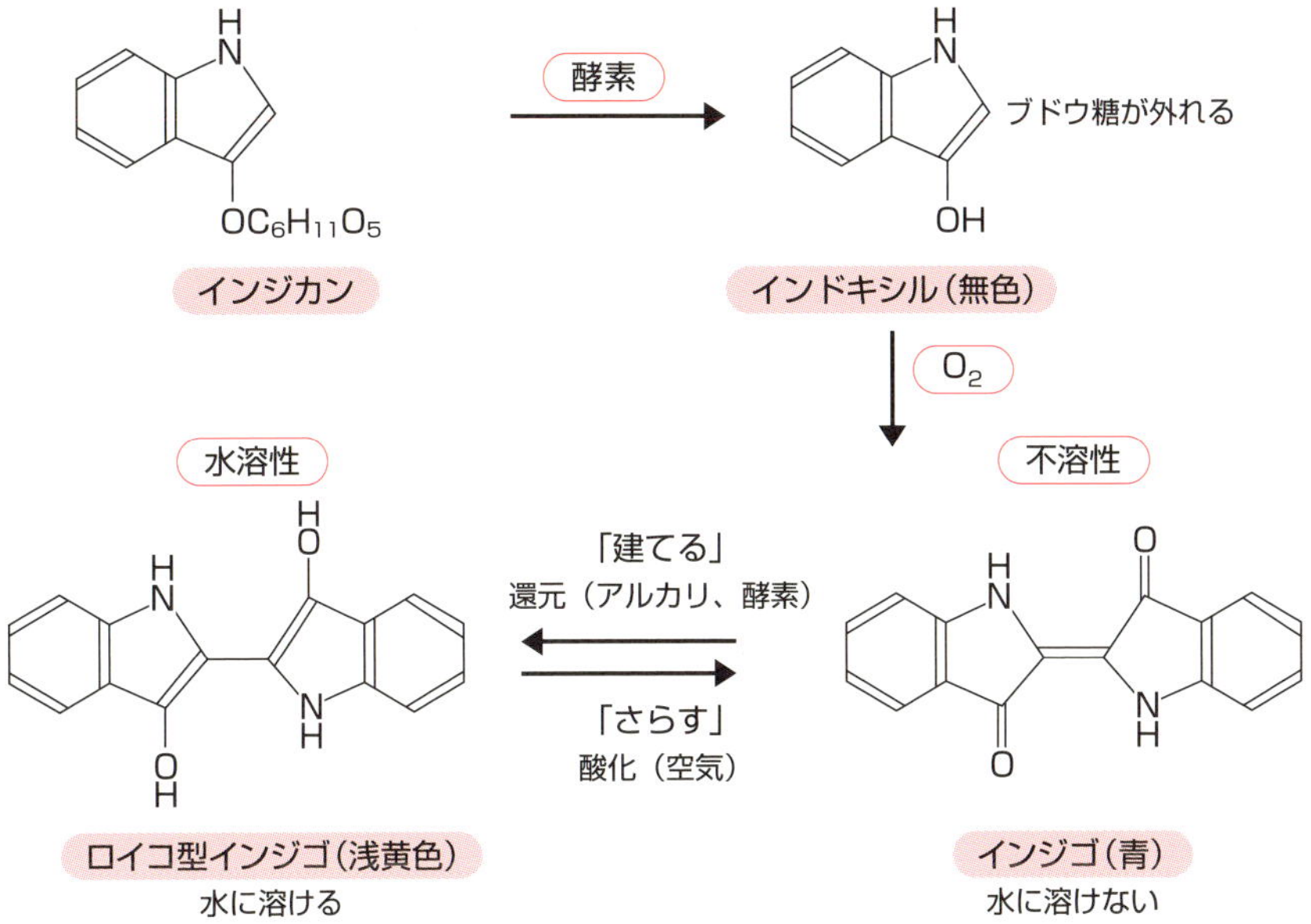

媒染の仕組み

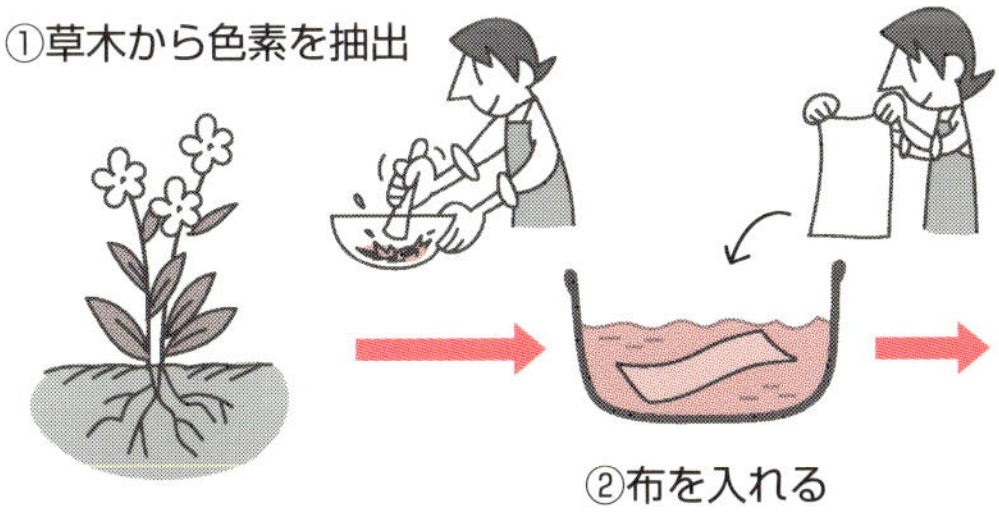

植物などから抽出：
アントシアンなどは媒染で様々な色が出る

③媒染剤を加える

- アルカリ媒染
  木灰、藁灰、炭酸カリウム、生石灰
- 酸媒染
  米酢、クエン酸、酢酸
- アルミニウム媒染
  椿灰、ミョウバン、酢酸アルミニウム
- 鉄媒染
  木酢酸鉄、鉄漿
- 錫媒染
  錫酸ナトリウム
- クロム媒染
- 銅媒染

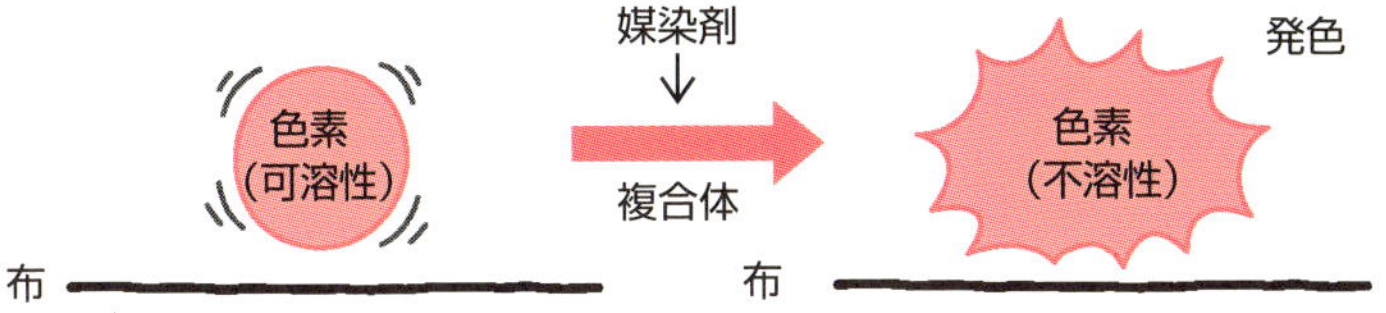

28 美味しい色

食の五原色を知っていますか？ 中国の陰陽五行説からきたもので、五色の食材を1回の食事にとりいれるというものです。果物は赤や黄、肉や魚は赤や白、葉野菜は緑、根野菜や穀物は白、海藻類は黒で、見た目にも美しく栄養的にバランスもとれています。

また、私たちは昔から食物に色をつけていました。例えば、江戸時代には団子、餅、粥、菓子などにベニバナ、クチナシ、ヨモギなどの天然色素で色をつけていたという記録があります。色は美味しさを感じる要素の1つです。

19世紀中旬にウィリアム・パーキンがはじめて色素を合成し、量産化に成功すると、天然色素に比べて色調が豊かで安価、しかも少量で着色するということで合成色素が使用されはじめました。当時、合成色素は原料として石炭から得られた芳香族化合物が使われたのでタール色素と呼ばれました。合成色素が使われはじめると同時に中毒も増え、様々な規制が作られてその使用量は減少しました。そして現在は、再び天然色素が多く使われるようになりました。

食品着色料を作り方で分類すると合成着色料と天然着色料に分かれます。合成着色料は「タール色素」と「それ以外の合成着色料」に分かれます。タール色素は赤色、緑色、黄色、青色という色の原色がつけられ、構造によって番号がつけられています。「タール色素以外の合成着色料」は無機顔料、合成天然色素、天然色素誘導体に分かれ、構造で分類できます。

天然着色料は、植物や動物が生産した色素を抽出・生成したものです。

化学構造による分類は着色料の色調、安定性、水への溶解性などの性質を知る上で重要です。実際着色料が食品に使われた場合、熱、光、酸素、pH、金属イオンおよび食品中の他の成分との相互作用に注意が必要です。

要点BOX

- 食の五原色
- 合成着色料と天然着色料
- 注意したい熱、光、酸素、pH、金属イオン、他成分との相互作用

色による食品の分類

色	特長	食品名
赤	良質のタンパク質、脂肪を含む肉や魚。にんじんなど赤い野菜には β-カロテンが含まれる	牛肉、豚肉、鮭、まぐろの赤身、にんじん、赤カブなど
黄	ビタミン豊富なかぼちゃ、栄養豊富な卵や大豆関連製品など	かぼちゃ、ぎんなん、とうもろこし、卵、味噌、レモンなど
緑	体の機能を整えるビタミン、ミネラルなどを豊富に含んだ野菜類	ほうれんそう、しそ、ねぎ、きゃべつ、春菊など
白	エネルギーの元の穀類、良質タンパク質を含む白身魚、根菜	ごはん、うどん、鯛、たら、いか、大根、白ねぎなど
黒	低カロリーで食物繊維とミネラル豊富な海藻類。きのこ類	昆布、わかめ、ひじき、きくらげ、しいたけなど

食品着色料の分類

- 合成着色料
  - タール色素
    - 水溶性色素
      - アゾ系（赤色 102 号など）
      - キサンテン系（赤色 104 号など）
      - トリフェニルメタン系（青色 1 号など）
      - インジゴイド系（青色 2 号など）
    - レーキ色素
      - 赤色 40 号など
  - それ以外の合成着色料
    - 無機顔料
      - （二酸化チタン、赤色酸化鉄など）
    - 天然色素誘導体
      - カロテノイド系（ノルビキシンナトリウムなど）
      - ポルフィリン系（銅クロロフィルなど）
    - 合成天然色素
      - カロテノイド系（β-カロテンなど）
      - フラビン系（リボフラビンなど）
- 天然着色料
  - カロテノイド系（クチナシ黄色素など）
  - キノン系（アカネ色素など）
  - アントシアニン系（アカキャベツ色素など）
  - フラボノイド系（ベニバナ赤色素など）
  - ポリフィリン系（クロロフィルなど）
  - ジケトン系（ウコン色素など）
  - ベタレイン系（ビートレッドなど）
  - アザフィロン系（紅麹色素など）
  - その他（カラメルなど）

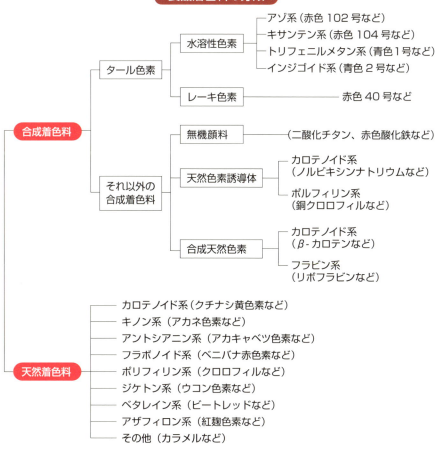

29 土と炎の芸術

やきものに色をつける

わが国の「やきもの」のはじまりは縄文土器で、最も古いものは1万6500年前ともいわれ、世界各地の土器と比べると桁違いに古いといわれています。古墳中期から平安時代に現れた須恵器は、還元炎で焼かれているため素地は灰黒色で堅いものですが、焼成中に灰がかかって自然釉のかかったものも見受けられます。備前焼は釉薬を用いなくても赤、オレンジ、黄、金、銀、紫、黒などの色模様が現れるため「土と炎の芸術」といわれています。代表模様に緋襷《ひだすき》があります。これは巻いた稲藁との接触部分に特長のある赤色模様が現れるものです。

釉のかかった陶器が焼かれるようになったのは7世紀後半で、人為的に釉をかけたわが国最初のやきものです。緑釉は奈良三彩と同じ低火度の鉛釉です。その後は天然の草木灰を主材料とした高火度釉を掛けた灰釉陶器が現れます。10世紀後半になると灰釉陶器の生産体制が整い、焼成方法も還元炎から酸化炎へと変わり、白い焼き上がりになりました。

やきものの釉の色とは何でしょうか? 金属は釉のなかでイオン、コロイド、微粒子の状態で存在しますが、その状態によって色が変わります。青磁釉は酸化第二鉄が透明釉に溶け込んだ色合いで、これは鉄のイオン発色です。還元焼成による油滴天目釉のラスターも鉄イオン発色といえるでしょう。

銅コロイドでは小さいものから大きくなるにしたがって黄色、紅色、藍色、空色に変わります。トルコ青釉などもそうです。金は大きな粒子では金色ですが、金を釉薬に加えて高い温度で溶かすと無色透明になります。さらにこれを冷ましていく過程で紅色、紫色、藍色になりますが、これはコロイドの大きさが変化するためです。銀も大きな粒子ではシルバーですがコロイドだと美しい黄色になります。このように金属の粒子の大きさ、釉薬への溶解度、酸化・還元雰囲気で色が変わります。

要点BOX
- ●やきものの進化
- ●イオン、コロイド、微粒子の色
- ●酸化・還元雰囲気で色は変わる

やきものの作り方

- 着色剤の量・割合
- 釉薬の粒子径、塗る厚さ
- 焼く温度
- 冷やす時間
- 酸素の状態

やきものに使用する着色剤

元素および着色剤	色
Ti：チタン（TiO_2など）	白（失透剤）、黄色、青、青緑、青紫
Cr：クロム（Cr_2O_3など）	ピンク、橙、茶、黄、黄緑、緑青、赤紫
Mn：マンガン（MnO_2、$MnCO_3$など）	茶、褐色、青紫、紫、赤紫、灰色、ピンク
Fe：鉄（Fe_2O_3、Fe_3O_4など）	赤、赤味茶、褐色、青紫、黄、黄緑、青、黒
Co：コバルト（Co_2O_3、CoO、$CoCl_2$など）	黄、緑、青、青紫、赤紫
Ni：ニッケル（Ni_2O_3など）	黄、褐色、オリーブ、黄緑、青緑、青、紫、赤紫、灰色
Cu：銅（CuO、$CuCO_3$など）	赤、緑、青緑、紫、灰色、黒
Mo：モリブデン（MoO_2など）	青、黒
Ag：銀（Ag、$AgNO_3$など）	黄
Sn：錫（SnO_2など）	白（失透剤）

30 ジャパンの色

漆に使われる顔料

藤原三代を奉る中尊寺金色堂の内外は漆に金箔を押し、柱などには蒔絵と螺鈿が施され、玉の象嵌や金銅の打出しの装飾がなされるなど当時の最先端の技術が使われています。

漆器はジャパン（日本）と呼ばれるほど、日本の代表的な伝統工芸です。漆は明治になるまで唯一の塗料として建築物、机などの家庭用品および食器などに塗られていました。

漆は漆の木に傷をつけたとき、そこから分泌する樹液です。掻き取ったままの漆を「荒味漆」といい、木の皮や葉などを濾過して除いたものが「生漆」です。生漆を浅い器に入れて摺り込むように混ぜると、乳化している粒子が細かくなって伸びやすく塗膜に艶がでます。上から加熱しながら混ぜて水分をゆっくり飛ばすと黒ずみながら透明になってきます。水分が30％から3％に減る「くろめ」という作業で漆の耐久性向上に大切な工程です。こうしてできたのが「透漆」で、透明の仕上げ塗に使われ、また、各種顔料を練りこんで「彩漆」として使われます。

漆の塗膜は、粒径１００㎚の超微粒子が並んだ構造をしており、重合物の外側を多糖類の薄膜が包んでいる状態です。この多糖類は酸化され難く酸にも強いので昔の漆塗りの装飾品が今でも残っています。さらに防虫、防腐、防水の効果がありますが、紫外線に弱いのが欠点です。

彩漆に使う顔料は漆と反応するものは使えません。明治以前の彩漆は朱、黄、緑、黒など限られた色しかできませんでした。明治にはレーキ顔料や白色ができるようになり、現在ではパール顔料なども使われるようになりました。

「黒漆」は太陽光の下で比較するとどんな黒色度の高い塗料よりも黒い「漆黒」です。この黒漆は生漆に鉄粉を混合して静置するとできますが、これは漆の主成分ウルシオールと鉄が反応してできたものです。

要点BOX

- 漆は湿気で乾燥させる
- 漆黒は漆と鉄の反応物
- 彩漆の顔料は漆と反応しないこと

ウルシオールの反応

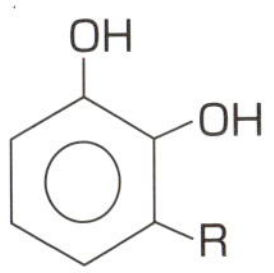

ウルシオール

R：

$(CH_2)_7CH{=}CHCH_2CH{=}CHCH{=}CHCH_3$

$(CH_2)_7CH{=}CH(CH_2)_5CH_3$

$(CH_2)_7CH{=}CHCH_2CH{=}CH(CH_2)_2CH_3$ など

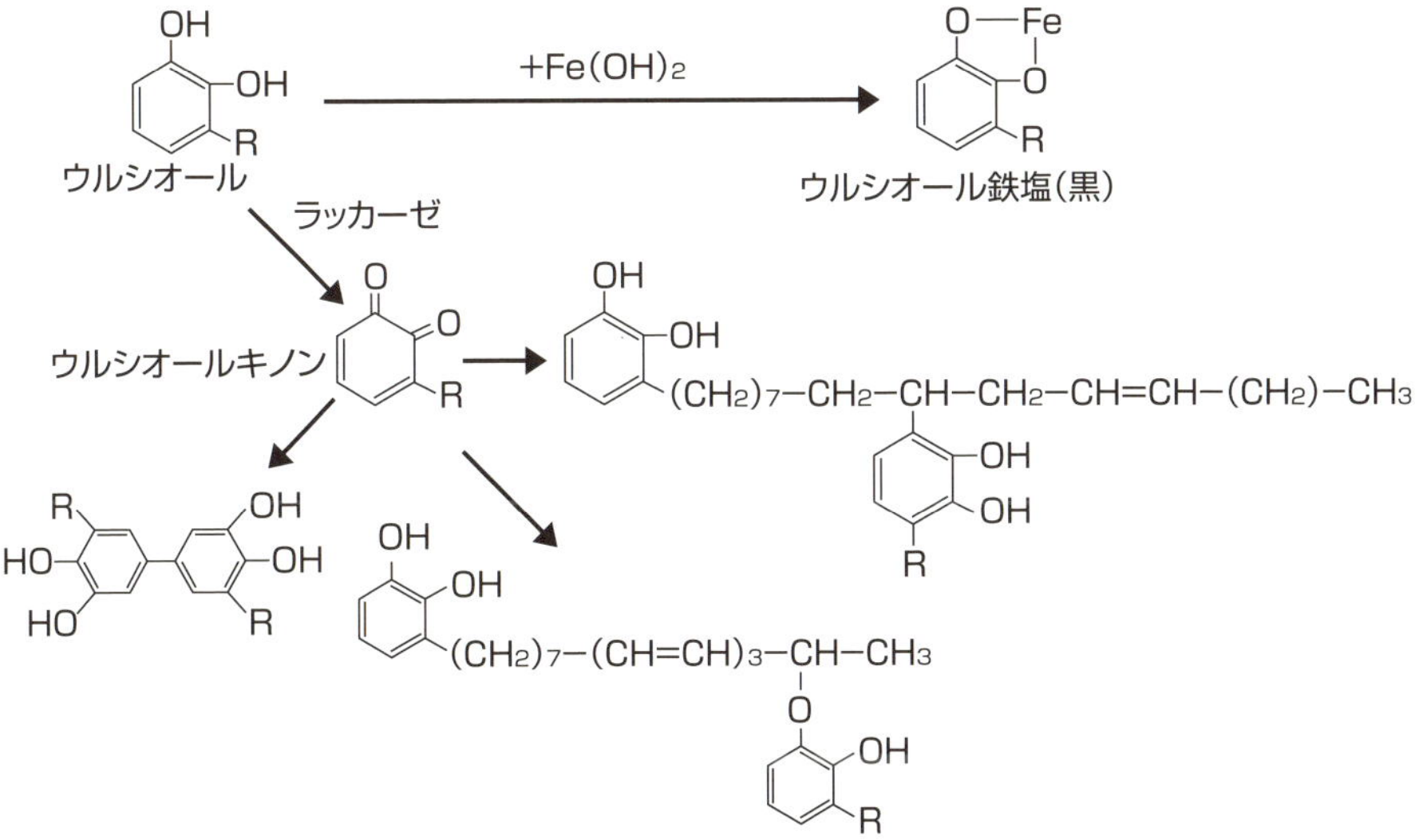

うるし用顔料

色系統	彩漆	顔料＊
赤色	朱漆	古くは天然の朱砂。人工的には硫化第二水銀
	弁柄漆	古くは赤鉄鉱。赤色酸化鉄。ベンガラ、紅柄とも書く
黄色	黄漆	石黄。人工的には三硫化砒素。他にクロムイエロー、カドミウムイエロー
緑色	緑漆	古くは石黄と藍を混合。藍の変わりにプルシアンブルーを用いる場合もある。クロムグリーン
褐色	潤塗（うるみ）	黒漆に朱または弁柄を混合
黒色	黒漆	鉄くず。胡麻油または菜種油の油煙
白色	白漆	昭和に入り二酸化チタン

＊最近は有機顔料と二酸化チタン、硫酸バリウムなどの混合物や雲母チタンなども使われている。

31 アルタミラの色彩

絵の具の歴史、種類

フランスのラスコーやスペインのアルタミラ洞窟遺跡には、顔料を用いた生き生きとした動物が描かれています。このように旧石器時代から人類は自然界に存在する顔料を動物の油脂などで練って絵の具を作り、絵を描いていたと思われます。

絵の具は展色材のなかに顕色材（顔料など）が分散されたもので、大きく分けると水性の絵の具と油性の絵の具があります。さらに乳濁液を用いたものもあり、油中水（W／O）型と水中油（O／W）型があります。展色材は顔料を紙などに固定する材料でその種類によって絵の具の性質が異なります。展色材を使わないで顔料を水で溶かし、まだ乾いていないモルタル壁画に直接描いて壁と一緒に乾かす方法はフレスコ画といい、テンペラ以前にはよく使われていました。

中世以前は卵、カゼイン、ロウ、ニカワなどの固着剤を用いたテンペラが使われていました。卵テンペラは卵黄にレシチンやアルブミンという乳化作用をもつ物質が含まれているため水と油が分離しません。経年による劣化が少なく、数百年前に作られたボッティチェリの作品は今でも鮮明な色を保っています。

油絵の具は展色材としてアマニ油などの植物性乾性油を使った絵の具です。油が酸化するに従って硬化し定着します。光沢と耐光性に優れており、ルネッサンス以降使われています。水彩絵の具は展色材としてアラビアゴムや保湿剤などを使います。保湿剤として昔は蜂蜜などを使いましたが、産業革命以降はグリセリンが使われています。軽やかで透明感があります。

合成樹脂絵の具は展色材として合成樹脂を用いたもので20世紀に登場しました。アクリル樹脂を用いた油性以外にもアクリル樹脂エマルションを用いる水性の絵の具もあります。

クレヨンは顔料を少量の油の入ったロウで練り固めて成型したものです。

要点BOX

- 絵の具の歴史
- 絵の具は展色材のなかに顔料などが分散されたもの
- 固着システムで種類が分かれる

昔の顔料

色	鉱物の例
赤	辰砂、鉛丹、ベンガラ、カーマイン
緑	孔雀石、緑青、緑土
オレンジ	鶏冠石《けいかんせき》
黄	黄土、石黄
青	藍銅鉱
青紫	ラピスラズリ（瑠璃）
茶	バーントシェンナ
白	胡粉、白亜《はくあ》、白土、鉛白
黒	黒鉛《こくえん》、黒土《こくど》

絵の具の組成

顕色材

発色成分。色素。
多くの場合顔料

展色材

色を展べて定着させる成分。固着剤と溶剤から成る

助剤

乾燥促進剤、防腐剤など

固着システム

- 溶剤の蒸発と化学変化で固着
  テンペラの卵黄
- 酸化重合で硬化
  乾性油、アルキッド樹脂
- 溶剤の蒸発で固着
  アラビアゴム、ニカワ、アクリルエマルション（アクリル樹脂）
- 冷えると固着
  熱に溶融し冷えて固まるロウ

32 グーテンベルグの贈り物

印刷と印刷インキ

一時印刷物は文化のバロメーターといわれたことがありますが、カラーの印刷物はペーパーレスの現在でも多く見受けられます。

古代エジプト人はパピルスから紙を作り、これに字や絵を描いていました。その時代に使われたインキは動植物から作った炭素顔料にニカワまたはワニスを混ぜて作ったものといわれています。中国でも西暦１００年頃に製紙術が発明され、４００年頃には煤をニカワで固めた板墨が使われました。日本でも称徳天皇が７６４年から６年間で無垢浄光大陀羅尼経に基づいた陀羅尼を百万巻印刷しており、これは確認できる最古の印刷物とされています。その後に木版印刷術は中央アジア、中東を経てヨーロッパに伝わりました。

グーテンベルグが活版術を発明した１４４５年頃から油煙とアマニ油を混ぜた油性インキが広く使われるようになり、18世紀末に発明された石版印刷にも油性インキが使われています。19世紀末に発明されたグラビア印刷にはテレピン油、揮発油などの溶剤に樹脂やアスファルトを溶かして作ったグラビアインキが使われました。１９５０年頃から平版および凸版用は合成樹脂型インキに移行し速乾性や強光沢性のインキも登場しました。

印刷方法には大きく凸版印刷、凹版印刷、孔版印刷、平版印刷があり、それぞれ特長があります。

印刷インキは顔料・染料などの色料と油・樹脂・溶剤からなるビヒクルおよび界面活性剤、ドライヤー、ロウ、ゲル化剤などの添加剤からできています。また、顔料・染料のなかに、金属粉顔料があります。金インキはブロンズ粉の銅と亜鉛の成分比で赤口と青口があります。銀インキはアルミニウム粉を使っています。特殊なインキとしてはUVインキがあります。紫外線照射によってインキを重合させ乾燥させるもので、無溶媒、熱なしで速乾性という特長をもっています。

要点BOX

- ●印刷の歴史
- ●印刷方法には凸版印刷、凹版印刷、孔版印刷、平版印刷がある
- ●印刷インキの成分は色料、ビヒクル、添加剤

各印刷方法の原理と特長

	原理	特長
凸版印刷	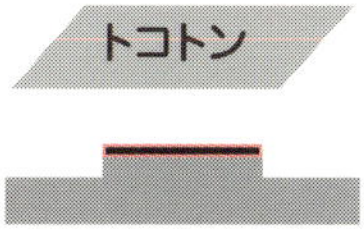	印刷する部分が凸になった版を使用する印刷法。印刷した画線のエッジがシャープになる。インキを紙に転写する時に圧力がかかり紙に凹みが出る場合がある。広い範囲へのインキ転写には向かない。活版印刷は凸版印刷の代表的な印刷
凹版印刷	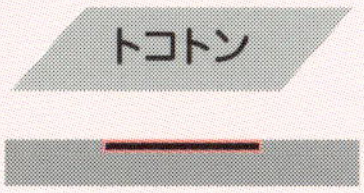	印刷する部分が凹になった版を使用する印刷法。転写するインキの量で濃度を表現するため画線の表面に段差ができる。版の生成が難しい。インキの転写に強い圧力が必要。グラビア印刷とも呼ばれ、写真の印刷や美術印刷に向いている
孔版印刷	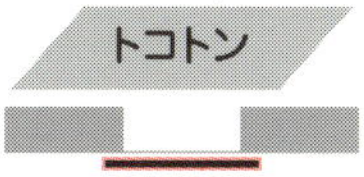	メッシュ状の版に印刷したい部分のみインキが通るように処理し、そこからインキを押し出して転写する。版の柔軟性を活かして曲面印刷ができる。短時間での大量印刷や精度の高い印刷には向かない。昔、シルクを使ったことからシルク印刷とも呼ばれる
平版印刷	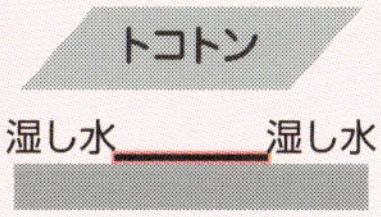	水と油が混ざらないことを利用して版にインキを塗布して印刷する。塗布したインキをいったんゴムや樹脂などに転写してから紙に転写する。紙と版が直接接触しないインキの転写方法なのでオフセット印刷とも呼ばれる

印刷インキに用いられる顔料・染料

	種類	顔料・染料名
無機顔料	着色顔料	酸化チタン、酸化亜鉛、カーボンブラック、黄色酸化鉄、ベンガラ、紺青、群青　など
	体質顔料	炭酸カルシウム、硫酸バリウム、シリカ、タルク　など
	金属粉顔料	アルミニウム粉、ブロンズ粉　など
	パール顔料	雲母チタン　など
有機顔料	アゾレーキ系	ブリリアントカーミン6B　など
	不溶性アゾ系	ジスアゾイエロー　など
	フタロシアニン系	レーキレッド、フタロシアニンブルー　など
	染付レーキ系	メチルバイオレット　など
	その他	蛍光顔料　など
染料	酸性染料	エオシン　など
	塩基性染料	ビクトリアブルー　など
	油溶性染料	ニグロシン　など
	分散染料	C.I.ディスパースレッド60　など

33 家もカラフル 車もカラフル

　街を歩いていると様々な色の建物や車が目に入ります。建物や車を保護し美観を与えるものが塗料です。塗料が工業的に使われはじめたのは油ワニスが使用されるようになったルネッサンス以降といわれています。油ワニスは植物油を加熱したものあるいは植物油と松やになどの天然樹脂とを混合加熱したもので、これに顔料を練り込んでペイントが作られました。塗りやすくするために有機溶剤で希釈するようになったのは18世紀からといわれています。

　合成物質樹脂が塗膜形成の主成分となったのは1920年以降のニトロセルロースにはじまり、その後、フェノール樹脂、アルキド樹脂、ビニル樹脂などの合成樹脂が開発され塗料の性能は急速に進歩しました。樹脂が安価になっただけではなく、アクリル樹脂、エポキシ樹脂、ポリウレタン樹脂、さらにはフッ素樹脂、シリコーン樹脂なども開発されました。

　一方、環境への影響から水性塗料が開発されています。水を溶剤がわりに使うと樹脂を溶かすことができないので、樹脂を溶解するか水中に分散させます。耐水性を考えると後者になり、コロイダルディスパーションかエマルション型になります。

　塗料に顔料を入れるのは、着色と下地を隠すことはもちろんですが、特徴的なのは錆止顔料があることです。塗装によって鋼材表面に生成する塗膜の防食機構は①酸素や水を遮断する「バリア防食」と②「防錆顔料などによる化学的な防食」に大別できます。亜鉛は鉄と比べて反応しやすい電位なので水と反応しやすく、反応によって生じる亜鉛化合物によって緻密な酸化皮膜を形成して錆を防ぎます。亜鉛末を多く含んだジンクリッチペイントは船や橋の鋼材の下塗りに用いられています。従来は錆止に鉛系やクロム系防錆顔料が使われていましたが、環境保全の観点から鉛やクロムフリーのリン酸亜鉛系、亜リン酸亜鉛系の防錆顔料が主になっています。

要点BOX

- ●塗料の歴史
- ●水性塗料は樹脂を水に分散させる
- ●防錆は「バリア防食」と「防錆顔料による化学的な防食」

金属の錆びやすさと亜鉛の防食機構

亜鉛の防食機構

$$Zn \rightarrow Zn^{2+} + 2e^-$$

$$O_2 + 2H_2O + 4e^- \rightarrow 4OH^-$$

$$Zn^{2+} + 2OH^- \rightarrow Zn(OH)_2$$

塗料用顔料

分類		代表顔料
着色顔料	無機	酸化チタン、酸化亜鉛、黄色酸化鉄、赤色酸化鉄、紺青、群青、カーボンブラック、コバルトブルー　など
	有機	キナクリドンレッド、ペリレンレッド、ハンザイエロー、フタロシアニンブルー、ベンズイミダゾロン　など
体質顔料		炭酸カルシウム、タルク、カオリン、硫酸バリウム　など
錆止顔料		亜鉛末、シアナミド亜鉛、リン酸亜鉛、リン酸アルミニウム、リンモリブデン酸塩、亜リン酸亜鉛、モリブデン酸亜鉛　など
光輝性顔料		アルミフレーク、雲母チタン、ガラスフレーク、シリカフレーク　など
機能性顔料		蛍光顔料、導電性顔料、断熱顔料、潤滑性顔料、光触媒顔料　など

34 標識

色により区分される道路標識やトリアージ・タッグ

私たちの生活しているなかで、国際的に共通になっている色があります。例えば、道路標識のうち、「通行止め」や「進入禁止」などの規制標識は、人の注意をひき、人間の感覚に訴える効果があり、危険や禁止という意味で赤地に白字を使用し、車線数減少や踏切ありなどの警戒標識には、注意を喚起する意味で黄地に黒字、指示標識や案内標識では、目につきやすい読み取りやすい青地に白字が使用されています。また、非常電話や非常口などの標識は、自然界に最も多い色で、目に優しく、頭をすっきりさせる作用があり、安全・安心の意味でもある緑色が使用されています。このような色による標識の使用法は、国際的に統一した規格として普及が進められています。なお、トイレの男女別標識は、日本では男性用が青色、女性用が赤色になっていますが、外国では色ではなく人形の形状で区別されています。また、阪神・淡路大震災の教訓から、わが国では、トリアージ・タッグの書式が規格として統一され、広く使用されるようになりました。負傷者などの患者が同時発生的に多数発生した場合に、医療体制・設備を考慮しつつ、傷病者の重症度と緊急度によって分別し、治療や搬送先の順位を決定することに利用されます。色には、次の意味があります。黒（カテゴリー0）死亡、または、生命徴候がなく救命の見込みがないもの。赤（カテゴリーⅠ）生命に関わる重篤な状態で一刻も早い処置をすべきもの。黄（カテゴリーⅡ）赤ほどではないが、早期に処置をすべきもの。一般に、今すぐ生命に関わる重篤な状態ではないが、処置が必要であり、場合によって赤に変化する可能性があるもの。緑（カテゴリーⅢ）今すぐの処置や搬送の必要ないもの。完全に治療が不要なものも含む。搬送・救命処置の優先順位はⅠ＞Ⅱ＞Ⅲとなり、0は搬送・救命処置が原則行われません。

要点BOX

- ●道路標識における使用される赤、青、緑色の共通認識
- ●トリアージ・タッグにおける色区分の意味

道路標識などに使用される色の例

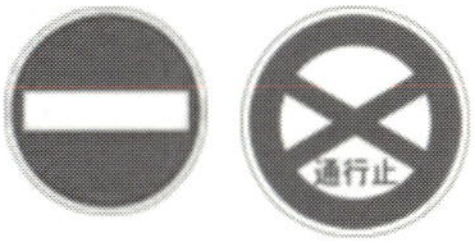

規制標識（赤色）

警戒標識（黄色）

指示標識（青色）

非常案内標識（緑色）

トリアージ・タッグの例

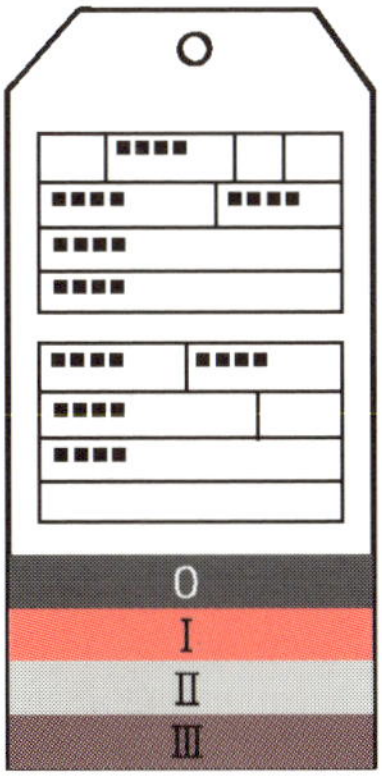

Column

色の変わる動物

保護色は生物にとって外敵から身を隠すのに必要ですが、メダカやゼブラフィッシュの一部には周囲の明るさに応じて短期間に体の色を変えるものがいます。大変便利ですばらしい機能ですが、何故そのようなことができるのでしょうか？ その答は、その魚の鱗には色素の顆粒を多く含んだ色素細胞という細胞があって、光の情報をキャッチするとこの色素の顆粒を細胞内で拡散または凝集させて色を変化させるからです。色素細胞内で色素顆粒は微小管の上を移動しますが、この動きをさせているのがモータータンパク質と呼ばれているミオシン、キネシン、ダイニンです。これらのタンパク質はエネルギー源であるATP（アデノシン三リン酸）を加水分解しながら繊維状の微小管の上を一方向に運動することができます。この放射状に伸びた微小管の上で色素が細胞周囲方向に運ばれれば色素の拡散によって細胞の色は暗くなります。一方、細胞中心方向に運ばれれば色素の凝集によって細胞の色は透明になります。

カメレオンはどうでしょうか？ 最近の研究で面白いことがわかっています。カメレオンの皮膚には、微小結晶入りの細胞でできた2つの層があるらしいのです。2つの層を作っている細胞を虹色細胞といい、一層目が完全に発達しているのはオスの成体だけで、色とりどりの体をメスに見せてアピールするためだそうです。カメレオンがリラックスしている時は結晶が密に並んでおり、青色の光を反射します。それが皮膚にある黄色の色素と結びついて、体が緑色に見えます。逆に、興奮した時は結晶同士の間隔が広がるため、黄色から赤の色が反射されます。まるでコロイド結晶のようですね。濃淡ではなく色相まで変えるとはすごい能力です。面白い事に下層にあたる二層目は、近赤外線も反射するそうです。この二層目の働きが変温動物であるカメレオンの体温調節に役立っているのではないかと考えているそうです。

色素細胞内での色素顆粒の移動

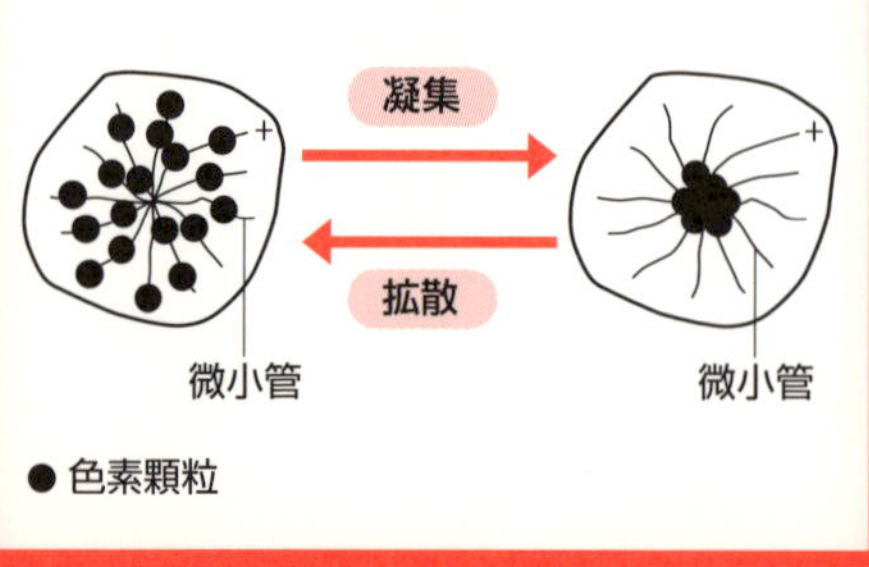

第4章

いろいろな合成染料とその特性

35 綿やナイロン繊維を染色する

直接染料

水溶性アニオン染料で、比較的分子量が大きく、木綿、レーヨンなどのセルロース繊維や紙パルプ、絹、皮革を、下漬けなどの前処理なしで染色できる染料を「直接染料」と呼びます。この名前は、溶液から直接、染料が繊維に染着する性質を「直接性」と呼ぶことに由来します。各種堅牢度を向上させるために染色後に硫酸銅で後処理する染料を「後処理直接染料」と呼びます。

これら染料の分子構造の特徴は、染料分子の直線性、染料分子に含まれるベンゼン環やナフタレン環の芳香環が同一平面の配置をとること、水素結合形成基を有することです。その他に、モル吸光係数が高いこと、水への溶解度が高いことなどが必要となります。そのため、親水基を含むジスアゾ、トリスアゾまたはテトラキスアゾなどのポリアゾ系分子で、水酸基やアミノ基を分子内に多く含んだ構造が必要であり、これまでに、ベンジジン系アゾ染料、トリジン系アゾ染料、ジアニシジン系アゾ染料、ジアミノスチルベン系アゾ染料、尿素結合を有するジアゾ成分やカップリング成分を用いたアゾ系染料、アミノ基を有するアゾ染料を塩化シアヌルで結合したアゾ系染料などが開発されてきました。

セルロース繊維に対する染料の結合は、主に染料とセルロース部位間の水素結合と染料の芳香環とセルロース繊維の疎水部分との間の分散力（ファンデルワールス結合）と考えられています。セルロース繊維の染色では、淡色の場合、染料0・5%以下、硫酸ナトリウム2～10%、濃色の場合には、染料1～5%、硫酸ナトリウム15～25%を使用して、20℃より昇温沸騰し、染色時間2～3時間で染色が行われています。また、絹、羊毛、ナイロン繊維には、中性または酸性浴で染色し、むらなく均一に染色するために、アニオン活性剤や硫酸ナトリウムなどが添加されます。

要点BOX

- 分子量が大きく、芳香環が同一平面配置で、水素結合形成基を有するアニオン色素
- 染料とセルロース繊維間の水素結合と分散力

セルロースと直接染料との染着イメージ図

直接染料

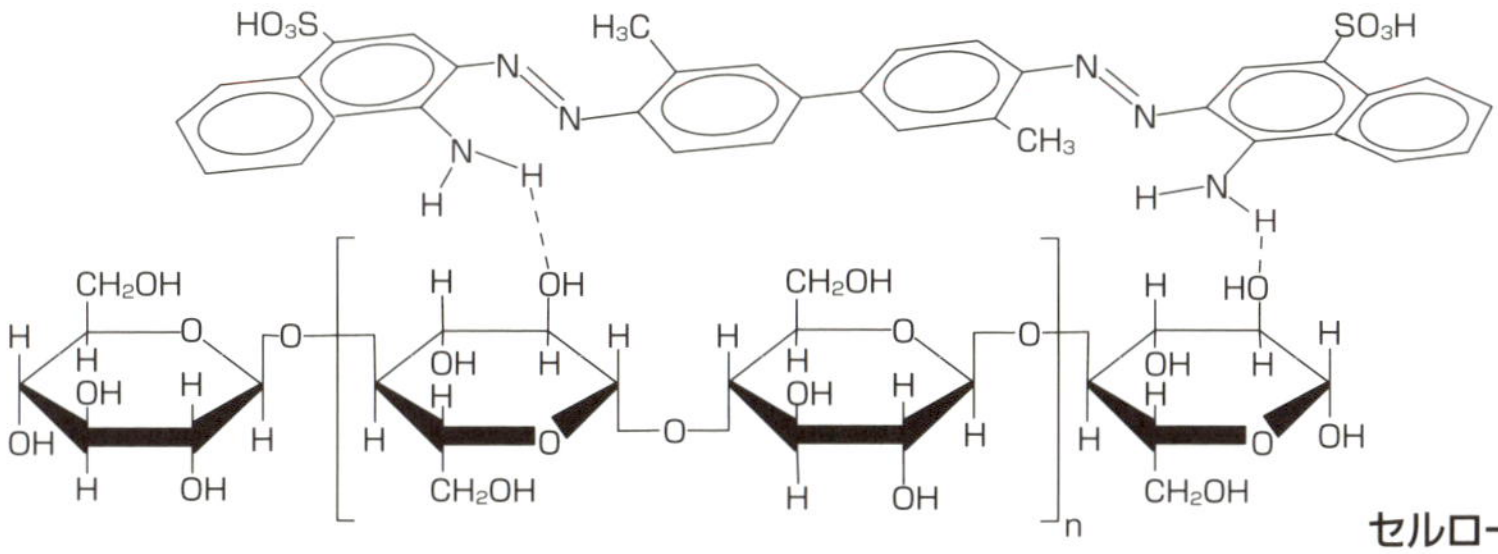

セルロース

代表的な直線染料

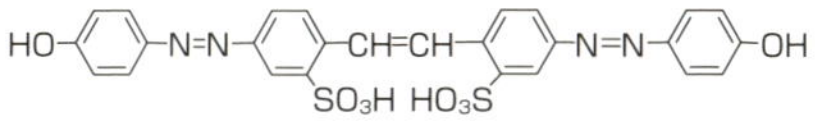

C.I. Direct Yellow 4

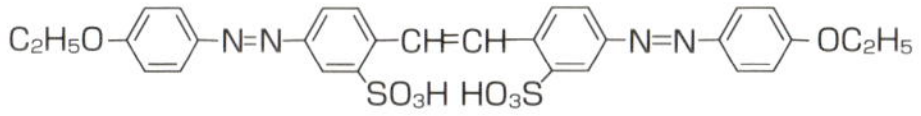

C.I. Direct Yellow 12

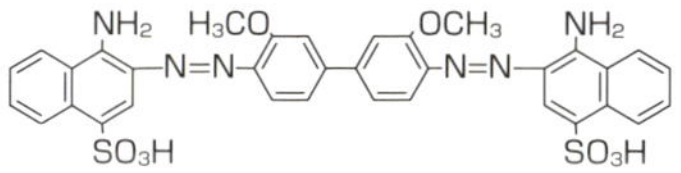

C.I. Direct Red 7

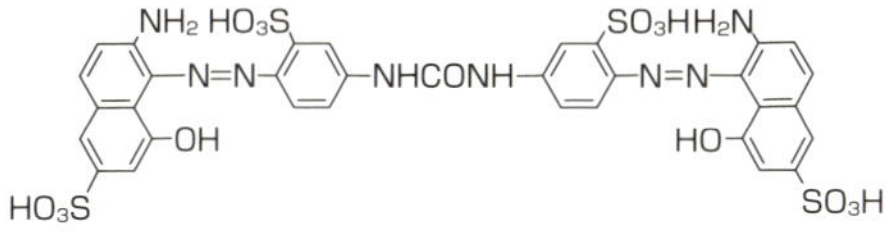

C.I. Direct Red 75

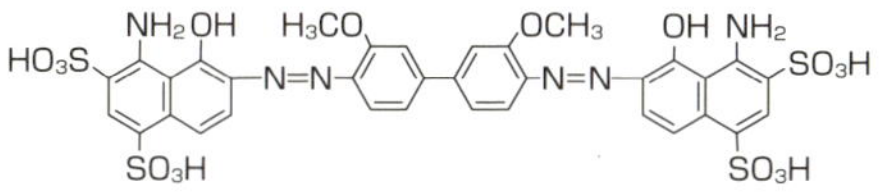

C.I. Direct Blue 1

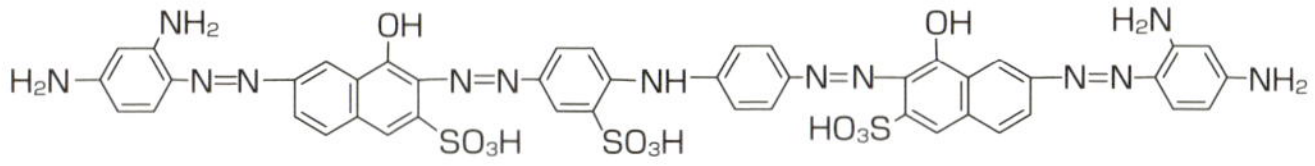

C.I. Direct Black 22

用語解説

下漬け：良好な染色を得るために、あらかじめ繊維などにいろいろな薬剤を吸着させる工程。

36 化学結合して染色する

セルロース繊維のなかの水酸基や羊毛やナイロン繊維のなかのアミノ基、アミド基、カルボキシ基などと化学反応して共有結合により染着する染料を「反応染料」と呼びます。色素骨格は、浅色系ではモノアゾ、アントキノン系、深色系では、ジスアゾ系、オキサジン系、フタロシアニン系などが使用されています。用途としては、セルロース繊維用反応染料が生産量の大部分を占めています。

反応染料は、その分子中に、繊維に含まれる水酸基またはアミノ基などの官能基に対して、反応することができる活性基を有し、化学反応して共有結合を生じて染着することが求められます。活性基としては、染色温度条件下で繊維に対する反応速度が十分高いことや共有結合が化学的に安定であることなどの観点から、各種クロロトリアジン系、クロロピリミジン系、クロロピリダジン系、クロロピリジン系などの複素環を含む反応基やクロロアセチル基、染色中にビニルスルホ基が生成するスルファトエチルスルホン酸系などがあります。

このビニルスルホ基は、アルカリ処理したセルロース繊維と容易に反応して共有結合が生じます。このような活性ビニル基は、ビニルスルホン型以外に、ビニルエーテル型、ビニルケトン型、ビニルアミド型などが知られています。

これらの反応染料は、アルカリ溶液中では、容易に加水分解反応が起こり、分子中の塩素やビニルスルホ基の反応基が水酸基に変化し、セルロースなどに不活性な染料となります。このため、クロロトリアジン系反応染料で染色するには、はじめに中性塩を含む染色浴で十分、繊維に染着させた後、弱アルカリ性にして染料とセルロースを反応させてエーテル結合で固着させます。その後、水洗洗浄剤を含むアルカリ温湯で十分ソーピングする必要があります。

要点BOX

- ●繊維の水酸基またはアミノ基と反応して共有結合で染着
- ●中性で繊維に染着させた後、アルカリ処理で反応

セルロースとトリアゾール系反応染料との染着機構

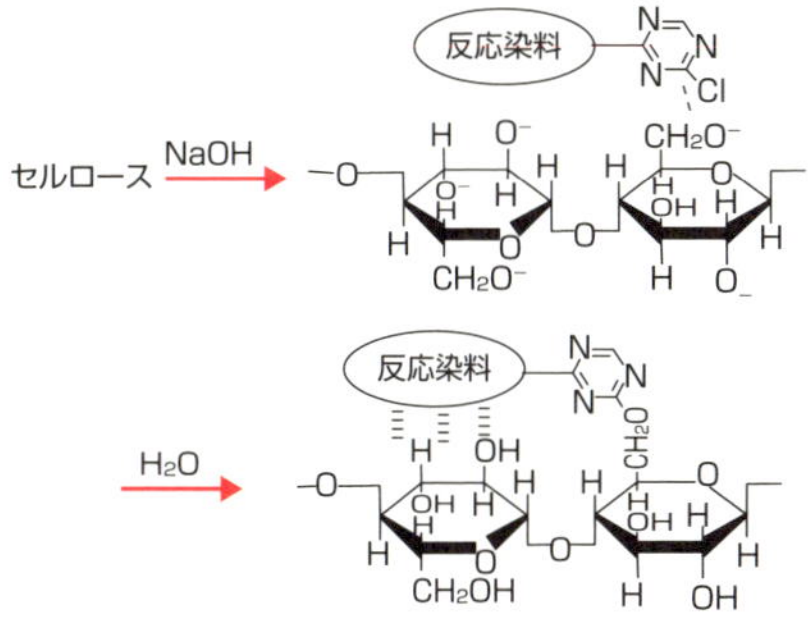

セルロースとスルファトエチルスルホン酸系反応染料との染着機構

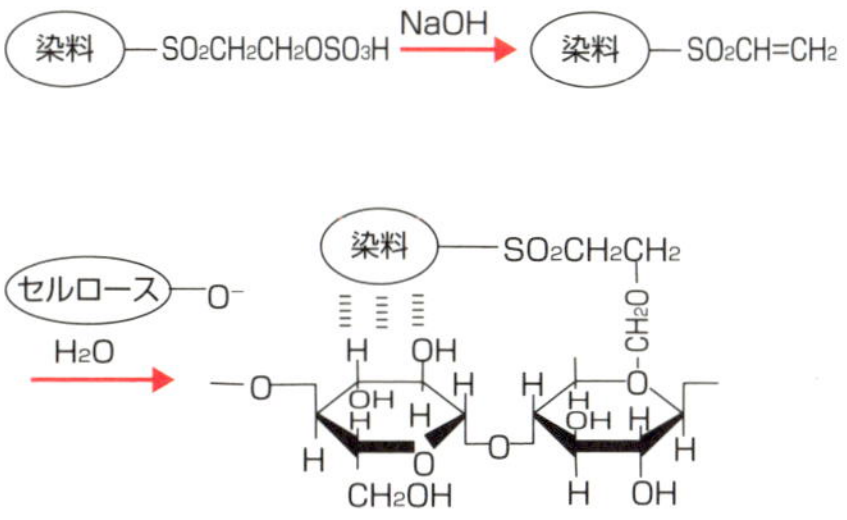

反応染料の例

分類	一般式
トリアジン系	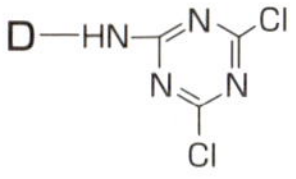 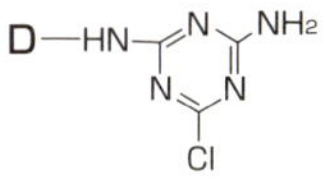
ピリミジン系	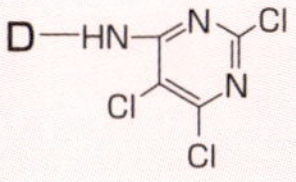 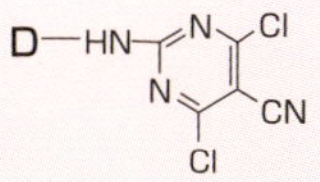
ピリダジン系	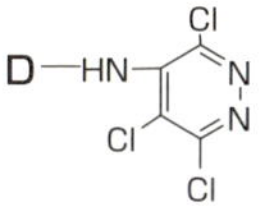 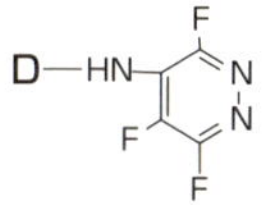
ピリジン系	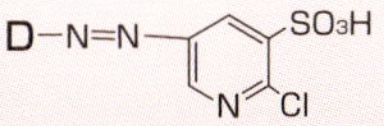
スルファトエチルスルホン系	$D{-}SO_2CH_2CH_2OSO_3Na$
ビニルスルホン系	$D{-}SO_2CH{=}CH_2$
ヒドロキシエチルスルホン系	$D{-}SO_2CH_2CH_2OH$

D：色素母骨格

用語解説

ソーピング：染色加工後に、繊維表面の付着物を熱いセッケン溶液などで除去する工程。

37 羊毛やナイロンを染色する

水溶性アニオン染料のなかで、水によく溶け、分子量が小さく、羊毛、ナイロンなどのポリアミド繊維に対して親和性がありますが、セルロース繊維に対して親和性の少ないものを「酸性染料」と呼びます。

酸性染料は分子のなかに、水溶性基として、スルホ基やカルボキシ基をもち、水溶液中では色素部分がアニオンになり、このアニオンが強酸性下のなかで羊毛に存在するアミノ基の第四級カチオンとイオン結合が生じて、羊毛に染料が染着することになります。色素骨格としては、トリフェニルメタン系染料、アントラキノン系染料、キニザリン系染料、モノアゾ系染料、ジスアゾ系染料などが開発されています。なお、アゾ系酸性染料のなかで、ピラゾロンアゾ系酸性染料は、色素が鮮明で耐光性に優れることから黄色の酸性染料として、広く用いられています。

羊毛は、いろいろなアミノ酸で構成されているため、染料のアニオン部分と塩を形成させるためには、等電点よりもpHを下げる必要がありますので、酸性染料による染色では、酸性～弱酸性で行う必要があります。

また、酸性染料のなかで、クロムなどの金属イオンを加えて羊毛のなかのアミノ基やカルボキシ基と配位結合を作ることができる染料を「酸性媒染染料」と呼びます。

酸性媒染染料は、染色時に重クロム酸塩処理により、クロム錯塩となるため、色相の鮮明さは欠けますが、耐光性に優れることから、羊毛染色に多く用いられています。色素骨格は、酸性染料と同様、アゾ系染料、アントラキノン系染料、トリフェニルメタン系染料がありますが、分子骨格のなかの適当な位置に、金属に配位結合できるような水酸基をもつ必要があります。

クロム化処理でクロムイオンと色素の比が、1：1型や1：2型の錯塩を形成しますが、錯塩の溶解度が低い場合に1：1型の錯塩が多く生成します。

要点BOX

- 分子量が小さく、セルロース繊維への親和性の少ないアニオン色素
- 酸性条件での染色で、繊維のカチオン部位とのイオン結合

酸性染料の羊毛、ナイロンなどのポリアミド繊維への染着機構

$$H_3N^+ - (S) - COO^- + D^-Na^+ \rightleftarrows D^-H_3N^+ - (S) - COO^-Na^+$$

D^-：酸性染料のアニオン

S：羊毛、絹、ポリアミド繊維

酸性媒染染料と羊毛との代表的な染着機構

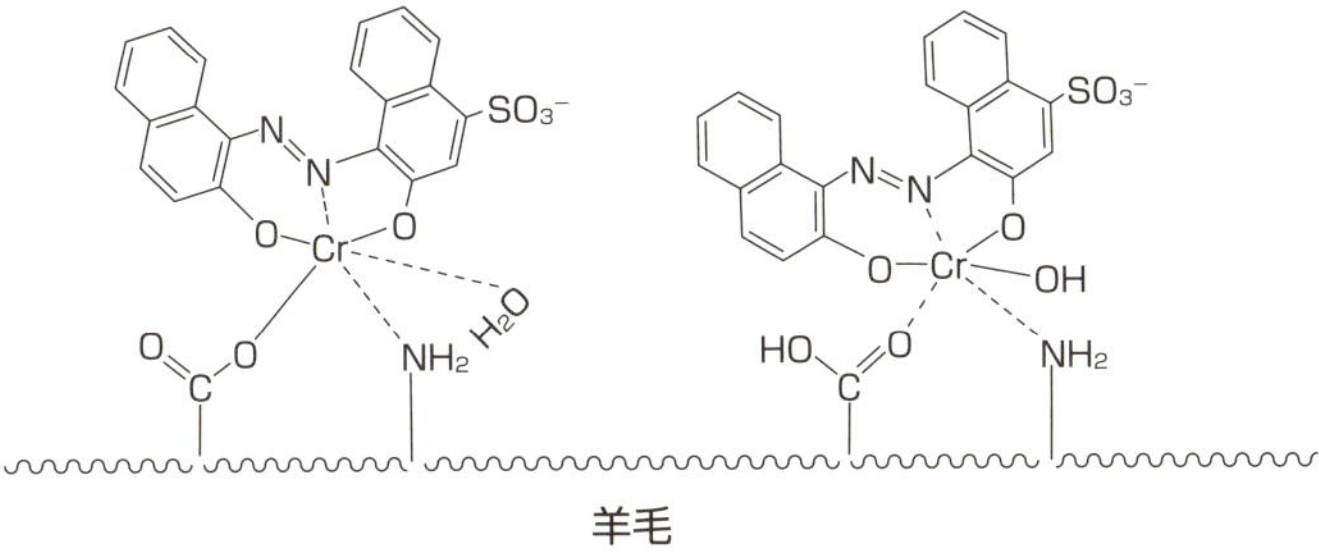

代表的な酸性染料

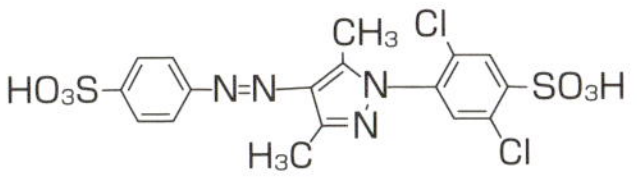

C.I. Acid Yellow 17

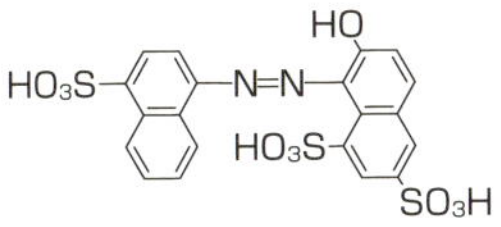

C.I. Acid Red 18

C.I. Acid Violet 43

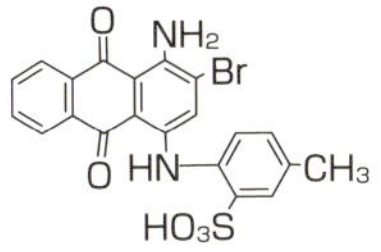

C.I. Acid Blue 78

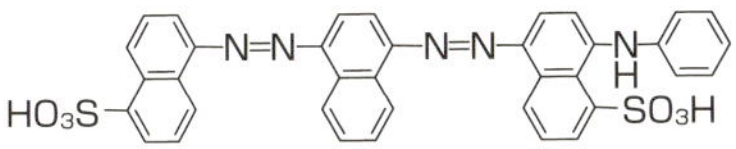

C.I. Acid Black 26

38

アクリル繊維を染色する

水溶性染料のうち、染料イオンがカチオンである染料を「塩基性染料」と呼びます。合成染料として最初に合成されたモーブも塩基性染料であり、これまでに数多くの染料が開発されてきました。塩基性染料は、鮮明な色相と高い着色力をもち、当初は綿や絹の染色に使用されていましたが、弱い耐光性のために、他の染料に置き換えられ、紙、パルプ、皮革などの染色に限られるようになりました。しかしながら、アクリル繊維の染色物では、比較的良好な耐光性を示すことから、アクリル繊維の染色用に多くの塩基性染料が用いられています。このような染料は従来の塩基性染料と区別するために、「カチオン染料」とも呼ばれています。

綿を染色する場合は、直接染着する塩基性染料がないために、あらかじめタンニン酸などで媒染し、このなかのカルボン酸とのイオン結合や多く存在する水酸基との水素結合によって染着します。また、アクリル繊維の染色では、アクリル繊維に共重合されているビニルスルホン酸やスチレンスルホン酸のスルホ基とのイオン結合で染着されます。そのため、染料の吸着量は、アクリル繊維に含まれるスルホ基の含有量にほぼ比例します。

塩基性染料の化学構造の特徴は、色素骨格にカチオン性を示す四級化された窒素原子を有する構造で、複素環などの共役系内に四級化された窒素原子を含むもの（共役型）と分子末端に四級化された窒素原子を含むもの（絶縁型）とに大別されます。主な塩基性染料としては、色素が鮮明でモル吸光係数が高いジおよびトリアリルメタン系染料、アジン系染料、オキサジン系染料、チアジン系染料、キサンテン系染料、ポリメチン系カチオン染料と分子末端に第四級アンモニウム基を含むアゾ系カチオン染料、アントラキノン系カチオン染料などが開発されています。

要点BOX

●四級化された窒素原子を有するカチオン色素
●アクリル繊維の染着量は、共重合成分で含まれるスルホ基に依存

塩基性染料を使用するための媒染剤の例

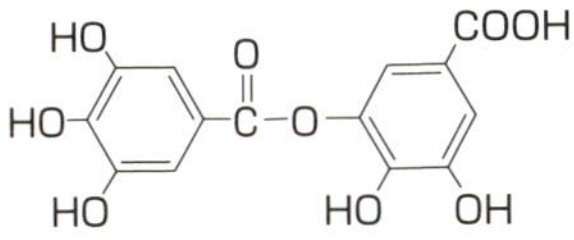

タンニン酸

$K_2[Sb_2(C_4H_2O_6)_2]\cdot 3H_2O$

酒石酸アンチモンカリウム

アクリル繊維やカチオン染料可染型ポリエステル繊維に使用されている共重合酸成分

$CH_2{=}CHSO_3H$

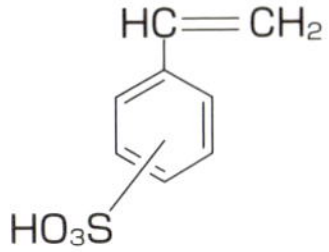

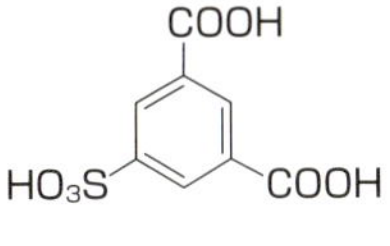

代表的な塩基性染料

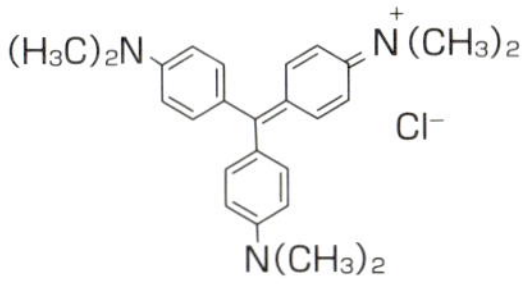

C.I. Basic Violet 1

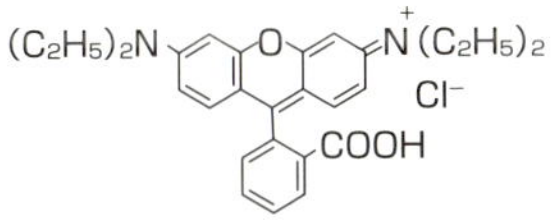

C.I. Basic Violet 10

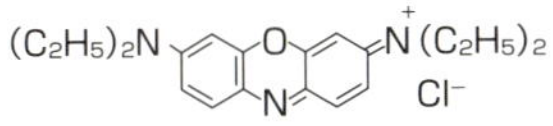

C.I. Basic Blue 3

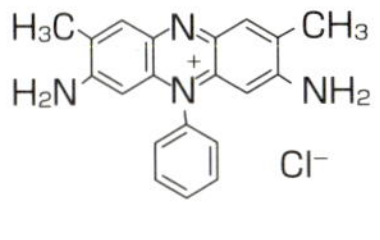

C.I. Basic Red 2

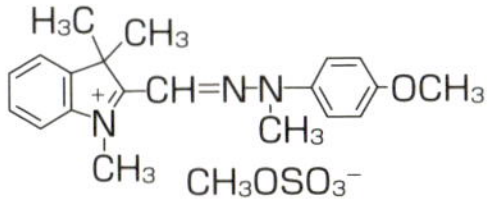

C.I. Basic Yellow 28

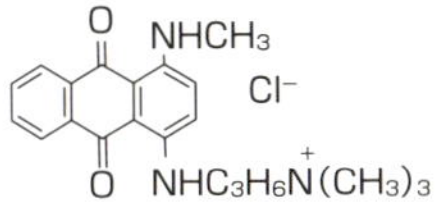

C.I. Basic Blue 22

39 ポリエステル繊維を染色する

分散染料

水に溶けず、水中に分散した状態からアセテートやポリエステル繊維などの疎水性合成繊維の染色に用いる染料を「分散染料」と呼びます。分散染料と疎水性繊維の間に働く力は、これまでのイオン結合や水素結合などの化学結合によるものでなく、主に物理的な吸着によるものです。これらのもととなる相互作用を各要素に分けて数値化することは、極めて困難であり、ある染料が対象となる繊維に対して親和性があるか否かを見極める手段として、無機性／有機性の値や溶解度パラメータなどが利用されています。例えば、無機性／有機性の値はポリエステル繊維で0・7、主な分散染料は0・6〜1・0となります。繊維と染料の無機性／有機性の値が近いと親和性が高く、よく染まると判断します。分散染料の化学構造としては、染料分子のなかに、スルホ基、カルボキシ基をまったくもたずに、アミノ基、水酸基などの親水性基やニトロ基、カルボニル基、ハロゲンなどの適度な極性基をもつ分子量の小さい非イオン性染料です。

分散染料の例としては、ベンゼンモノアゾ系染料、ベンゼンジスアゾ系染料、チアゾールアゾ系、ベンゾチアゾールアゾ系、キノリンアゾ系、イミダゾールアゾ系など複素環アゾ系染料、アントラキノン系染料で、染色条件下での水溶媒への溶解度が低いという特徴があります。また、ベンゼンアゾ系分散染料に比べ、複素環アゾ系染料は、鮮明な色相と高いモル吸光係数から高い着色力を有します。分散染料による繊維の染色は、従来の染色法では、染着できないため、120〜130℃の高温染色法、100℃でのキャリヤー染色法、200℃でのサーモゾル染色法などで行います。分散染料は、適当な分散剤と水を加えてスラリー化したものが用いられます。このときの染料の一次粒子がおよそ1μmの大きさになるまで、ロールミルなどで微粒子化する必要があります。

要点BOX

●適度の極性基をもつ分子量の小さい非イオン性染料
●分散剤を含む染色液での高温染色、キャリヤー染色

アニオン性分散剤を使用したときの分散染料の分散モデル

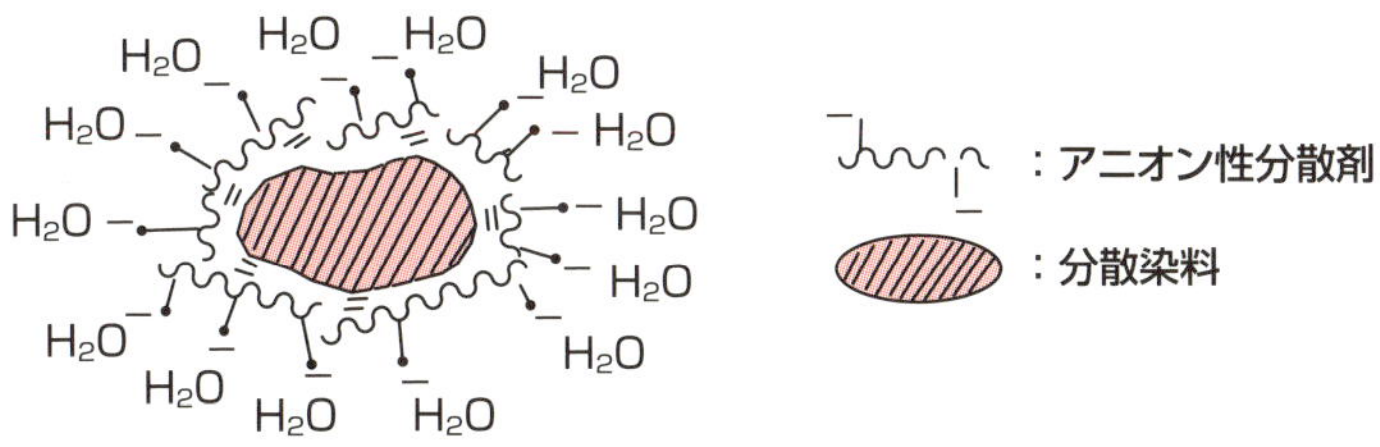

代表的なアゾ系分散染料

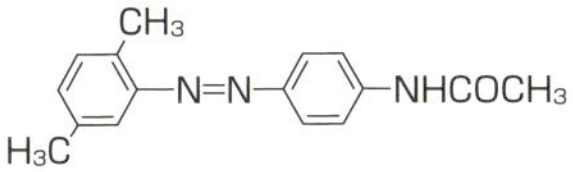

C.I. Disperse Yellow 3

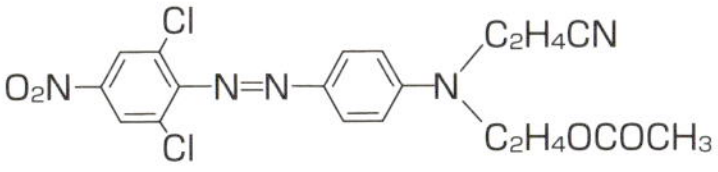

C.I. Disperse Orange 30

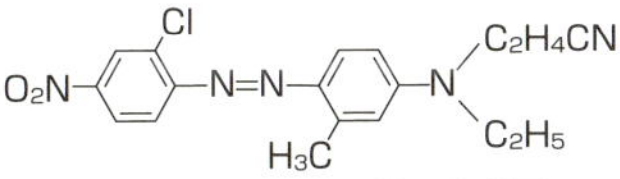

C.I. Disperse Red 65

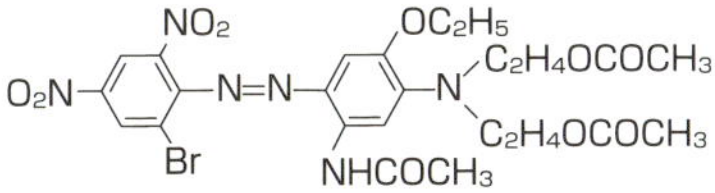

C.I. Disperse Blue 79

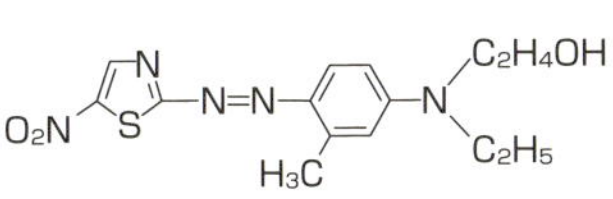

C.I. Disperse Blue 106

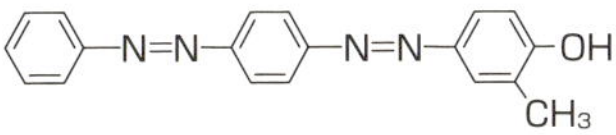

C.I. Disperse Yellow 7

代表的なアントラキノン系分散染料

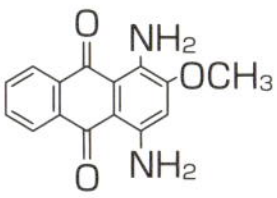

C.I. Disperse Red 11

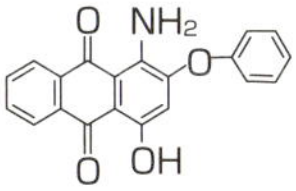

C.I. Disperse Red 60

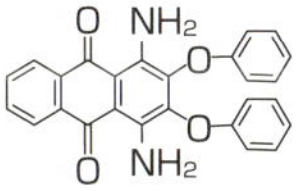

C.I. Disperse Violet 26

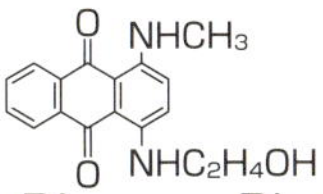

C.I. Disperse Blue 3

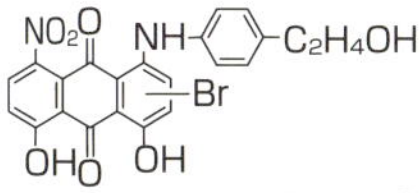

C.I. Disperse Blue 27

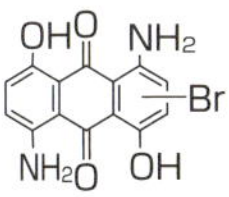

C.I. Disperse Blue 56

40 セルロース繊維を染色する

不溶性の染料のなかで、そのままではセルロース繊維を染色できなくても、アルカリ性還元浴（水酸化ナトリウムとハイドロサルファイトなどの水溶液）で還元することで、水溶性のロイコ化合物が繊維と強い親和性をもつものがあります。このロイコ化合物が繊維に染着し、染着後、空気または過酸化水素などの酸化により、もとの染料に戻ることで、染色できる染料を「建染染料」と呼びます。染色時の還元操作を建化（バッティング）、還元浴をバットと呼ぶことから、「バット染料」とも呼ばれています。このロイコ化合物は、直接染料と同様、水素結合や分子間に働く分散力（ファンデルワールス結合）が繊維との親和力となります。

この染料の特徴は、ロイコ化合物がセルロース繊維に吸着することが重要であることから、分子内の共役鎖と平面構造、水素結合部位などが必要となります。建染染料の化学構造の特徴は、分子内に2個以上のカルボニル基を有し、アルカリ性還元浴で還元されてロイコ化合物となり、空気酸化でもとの染料構造に戻ることが必要となります。

建染染料としては、古くから知られている天然染料のインジゴがありますが、アントラキノン系建染染料が多数開発されています。また、2-アミノアントラキノンからアントラキノン骨格が2分子縮合した青色のインダントロンと呼ばれる建染染料も開発されました。この他に、ピレンおよびジアザピレン系建染染料、ペリレン系建染染料、ベンゾキノン系建染染料、ナフトキノン系建染染料、チオインジゴ系建染染料、コバルトフタロシアニンの建染染料などがあります。

なお、建染染料は、その還元速度、ロイコ化合物の溶解性や繊維に対する親和性などの染色性をもとに、N法、W法、K法、特別法に適する染料として、4つのグループに分類されています。

要点BOX

- アルカリ性還元でロイコ化合物、空気酸化でもとの染料構造
- ロイコ化合物でセルロース繊維に吸着

アントラキノン系建染染料の染色過程の化学反応

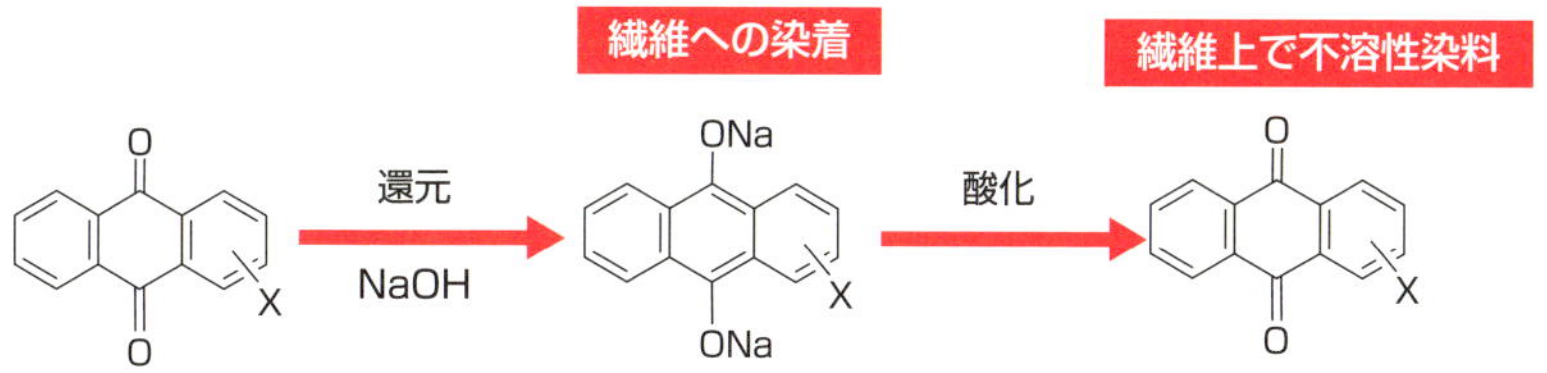

ロイコ化合物

代表的な建染染料

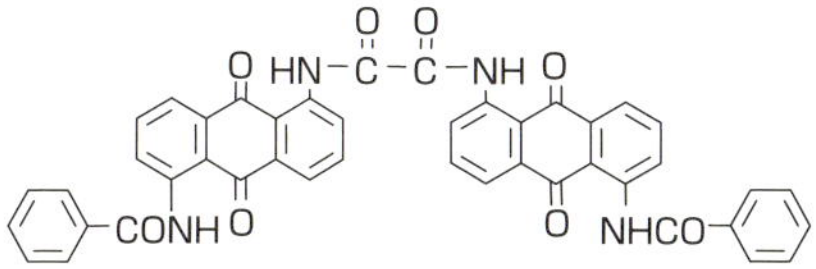

C.I. Vat Yellow 12

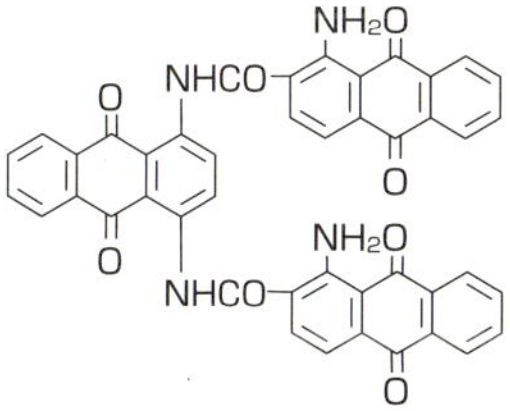

C.I. Vat Red 21

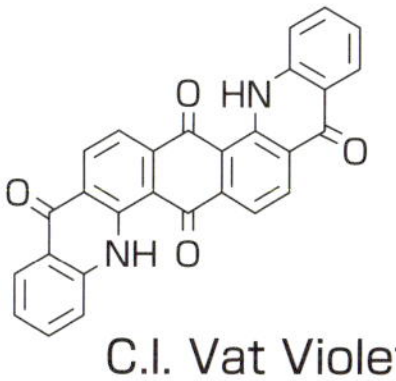

C.I. Vat Violet 13

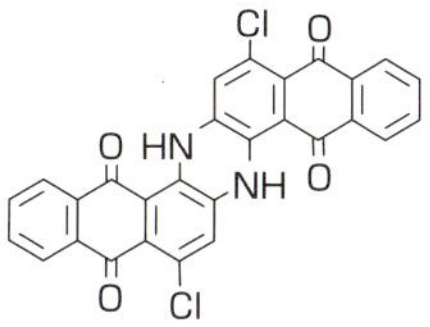

C.I. Vat Blue 6

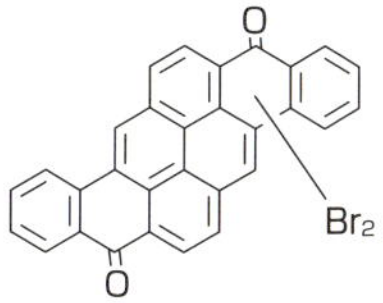

C.I. Vat Orange 2

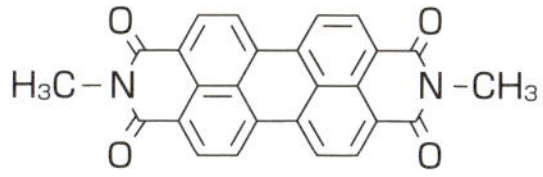

C.I. Vat Red 23

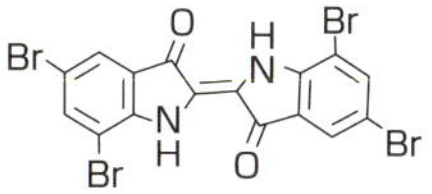

C.I. Vat Blue 5

建染染料の染色法による区分

染色法	特徴
N法	最適な還元温度、染色温度が高い。強アルカリ浴での染色
W法	最適な還元温度、染色温度がN法よりやや低め。中程度のアルカリ濃度での染色
K法	還元されやすい染料で、比較的低温で、多量の塩を含む弱アルカリ濃度での染色
特別法	N法よりも高いアルカリ濃度での染色

41 白い布を輝く白さに

一般の白い布は、酸化剤や還元剤で漂白しても、可視光の短波長の紫〜青の光の一部を吸収し、純白でなく、黄色を帯びて見える場合が多いです。

繊維や紙をより白く見せるために古くから青紫色染料でごく淡く染色する「青味づけ」が行われてきましたが、実際には全可視光域で反射が低下し、青灰色を帯びた白色となります。これに対して、セルロースや合成繊維や紙などの蛍光増白処理では、紫外部の光を吸収して、４００〜４５０㎚の蛍光を発する染料で、黄色の吸収部分を蛍光によって補って、反射を高くし、白く輝かしく見せます。このような紫青または青緑色の蛍光を発する染料のなかで、繊維に対して親和性のあるものが「蛍光増白剤」と呼ばれています。

蛍光増白剤の繊維類に対する染着機構は、染料と同じであり、蛍光増白剤は類似の電子供与性の官能基を有しています。蛍光増白剤の化学構造の特徴は、平面構造で共役二重結合を有し可視部には吸収がなく、４００〜４５０㎚の波長域で蛍光を示す基本構造を有することなどがあります。蛍光増白剤の化学構造の基本構造としては、主に、スチルベン系、クマリン系、ピラゾリン系、イミダゾール、チアゾールおよびオキサゾール系、トリアゾール系、ナフタルイミド系の6種類に分類されます。主な蛍光母体骨格は、スチルベン系では4,4-ジアミノスチルベン、クマリン系では7-アミノクマリン、イミダゾール、チアゾールおよびオキサゾール系ではエチレン鎖で複素環または芳香環のπ共役を拡張した構造、ナフタルイミド系では、4-アシルアミノ基や4-アルコキシ基を有するナフタルイミドとなります。

使用法としては、合成洗剤に０・２〜０・３％程度混合し、洗浄と同時に増白する方法と、蛍光増白剤として単独で使用したりします。

要点BOX

- 可視光域には吸収がなく、紫外光で紫青〜青緑色の蛍光を発する染料
- 黄色を帯びて見える部分を蛍光によって吸収部分を補う

繊維の蛍光増白の効果

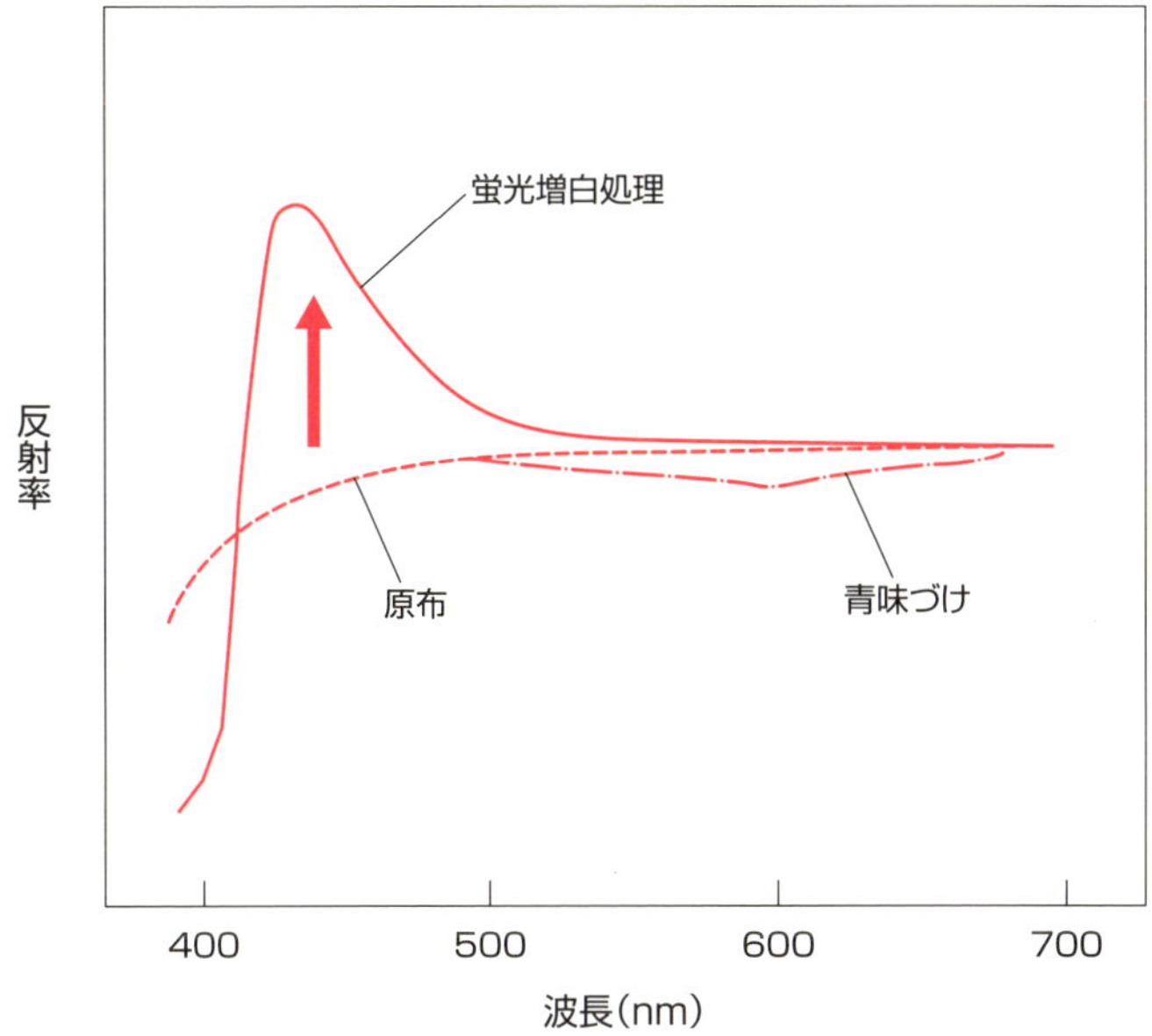

代表的な蛍光増白剤

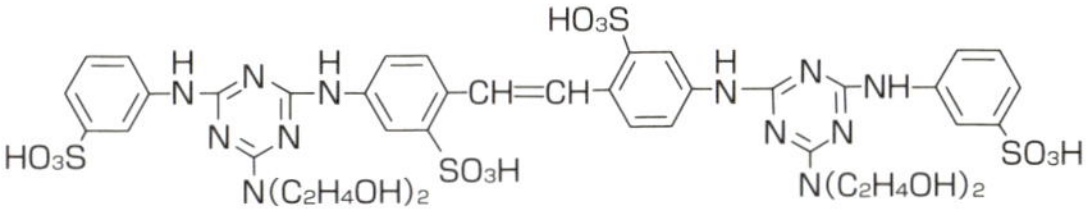

C.I. Fluorescent Brightener 24

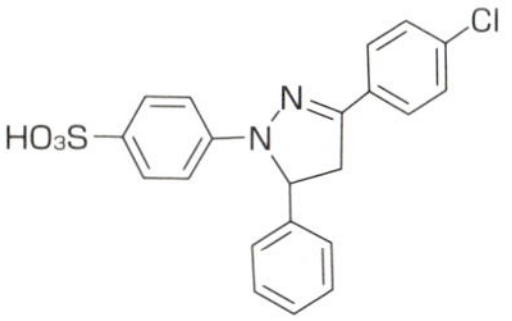

C.I. Fluorescent Brightener 54

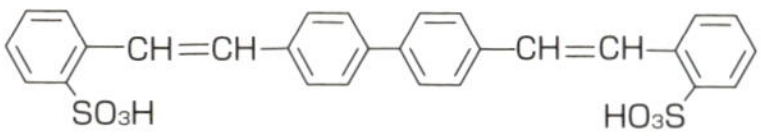

C.I. Fluorescent Brightener 351

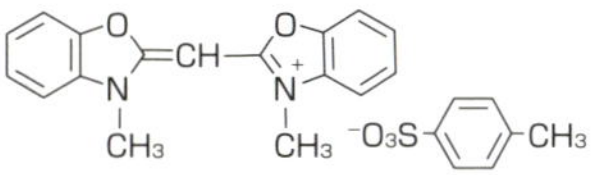

C.I. Fluorescent Brightener 55

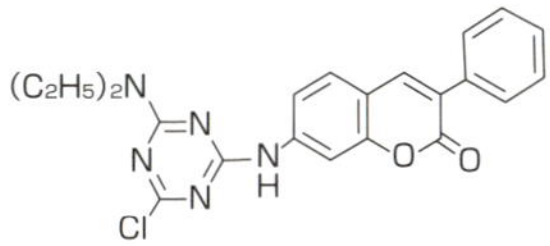

C.I. Fluorescent Brightener 152

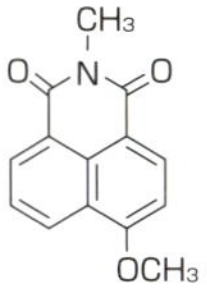

C.I. Fluorescent Brightener 162

42 発ガン性のある染料やアミン類

染料の安全性には、発火性、反応性、腐食性などの一般物性による危険性と、生分解性、魚蓄積性、魚毒性などの環境安全性や急性毒性（半数致死量LD_{50}）、皮膚や目に対する刺激性、エームス試験、染色体異常試験などの安全性があります。染料の安全性に関する法規制は、2-ナフチルアミンやベンジジンの製造または取扱い作業者が高い割合で膀胱癌を患うことがわかったことを契機に、１９７２年に法的に規制されたのがはじまりです。さらに、合成染料によるヒトの健康と環境に及ぼす有害影響を最小化することを目的に、１９７４年に欧州で国際的な組織も設立され、世界的な法規制強化が行われています。

変異原性が認められた染料およびその中間体は、厚生労働省から公表されている〝強度の変異原性〟が認められた化学物質一覧のなかに記載されています。代表的なアゾ系色素、アントラキノン系色素、オキサジン系色素もこのなかに含まれています。また、この他に、米国環境衛生科学研究所から公表されている発ガン性物質の報告書のなかに、「ヒトに対して発ガン性を示す化学物質」として2-ナフチルアミンとベンジジン、「ヒトに対して発ガン性を示すと想定される色素」として、いくつかのアントラキノン系染料やアゾ染料がリストに含まれています。

一方、欧州では、２００２年に繊維製品に使用されるアゾ色素のなかで、人体内でアゾ基が還元反応を起こして、発ガン性を有するアミン類を生成するおそれのある染料・顔料の繊維製品への使用などが禁止されるようになりました。対象となる特定アミン類として、欧州では22種類の特定芳香族アミン類が規制対象となっています。このなかで、ヒトに対して発ガン性があるアミン類（グループ1）は5種類だけであり、他の大部分は、発ガン性の可能性があるアミン類に分類されています。

要点BOX

- 発ガン性の目安としての変異原性
- 発ガン性がある、または発ガン性の可能性のある22種類の特定芳香族アミン類

強い変異原生が認められた主な色素

名称公表通し番号	色素の構造	官報公示時期
18417	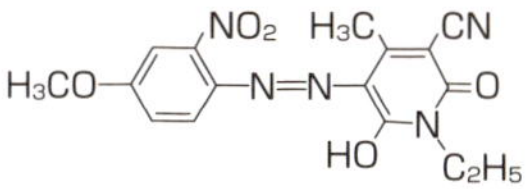	平成22年3月26日
16349	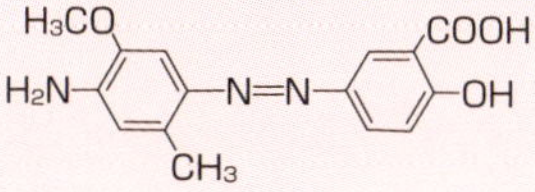	平成20年6月27日
16348	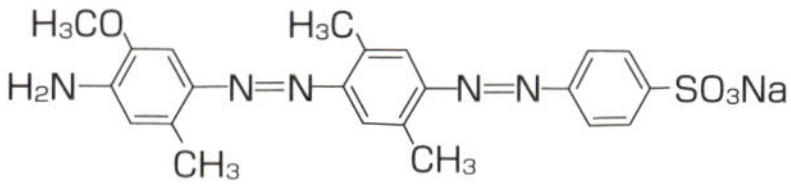	平成20年6月27日
324	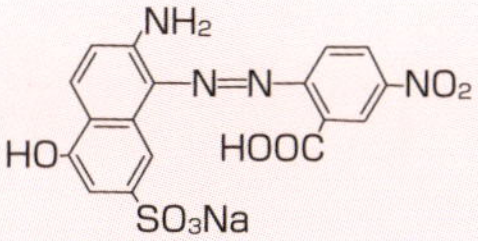	昭和57年9月25日
15749	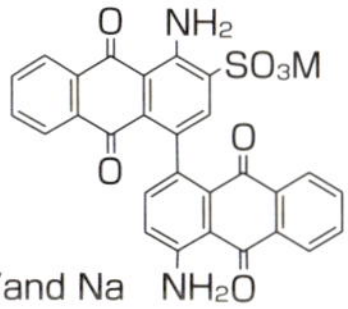 M=H or/and Na	平成19年12月27日
2769	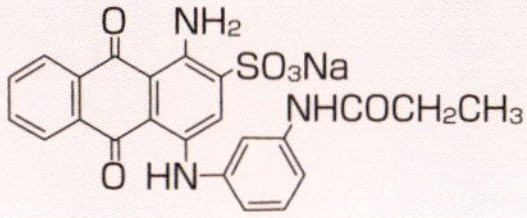	昭和63年6月25日
2823	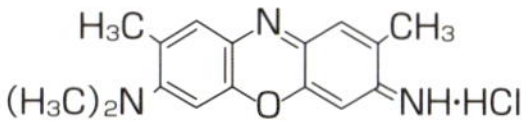	昭和63年6月25日

特定芳香族アミン

4-アミノビフェニル	4-クロロ-*o*-トルイジン	2,4,5-トリメチルアニリン
ベンジジン	4,4'-メチレンジ-*o*-トルイジン	4-アミノアゾベンゼン
3,3'-ジクロロベンジジン	6-メトキシ-m-トルイジン	4,4'-メチレンビス(2-クロロアニリン)
3,3'-ジメトキシベンジジン	*o*-トルイジン	ビス(4-アミノフェニル)スルフィド
3,3'-ジメチルベンジジン	2-アミノ-4-ニトロトルエン	2,4-トルイレンジアミン
4,4'-ジアミノジフェニルメタン	*o*-アニシジン	*o*-アミノアゾトルエン
2-ナフチルアミン	2,4-ジアミノアニソール	4,4'-オキシジアニリン
4-クロロアニリン		

Column

染料の思わぬリスク

友禅染は、江戸時代に誕生し、人物、花鳥、草木、山水などの華麗な絵模様を、色彩豊かに手描きで染める伝統的な染色です。友禅の職人、染付師は、美しいぼかし模様を描き出すために、染料を含んだ筆先を口で吸って量を調整する習慣がありました。繊維を染色するための染料は、水に溶かして使用するもので、一般的な使用法では、染料が直接ヒトの体内に入ることはないと考えられていました。京都大学医学部泌尿器科の吉田修教授らは、ある膀胱癌の患者の職業が染付師で、口で染料の量を調整する習慣があったことに注目し、原因物質の解明に取り組まれました。当時の友禅染に使用されていた多くの染料のなかには、ベンジジン系アゾ染料も含まれていました。黒、緑や赤のベンジジン系アゾ染料はよく染まり、特に黒は鮮やかで広く利用されていたのです。吉田先生らの研究結果で、ベンジジン系アゾ染料が体内で分解されて原料のベンジジンが遊離し、膀胱に発ガン作用を及ぼすことが明らかになりました。その後の調査で、染付師の多くに膀胱癌が見つかりました。この結果から、職業環境中のベンジジンが発ガン物質であり、ガンが多発しているということで、染付師の膀胱癌は、職業性膀胱癌と分類されました。この研究により、想定されるベンジジン系アゾ染料を取り扱う染料製造業だけでなく、染色業にまで膀胱ガンのリスクが高くなることがわかったのです。WHOなどの国際ガン研究機関の評価でも、ベンジジンは人間に対しても発ガン性ありと断定されている化合物です。現在は、ベンジジンの製造、使用が厳しく規制され、職業性膀胱癌になる危険性は低くなっています。生活環境中に潜む発ガン性物質をいち早く発見し、除去することで、ガンになる可能性を減らすことができる例です。

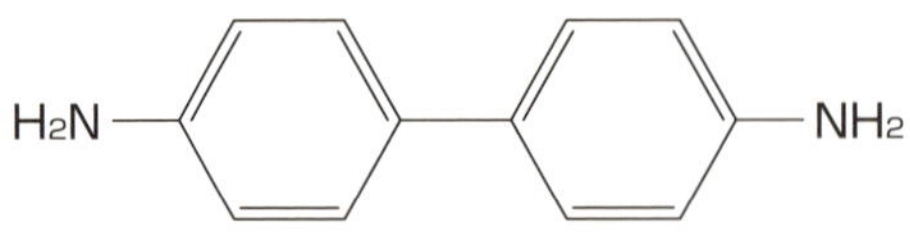

ベンジジン

第5章 代表的な顔料とその扱い方

43 顔料の分類

有機顔料、無機顔料の種類と特長

顔料は無機顔料と有機顔料に大きく分けることができます。無機顔料は地味な色が多いのに対して有機顔料は明るく彩度の高い色が多くあります。一般的に耐光性・耐熱性は、有機顔料より無機顔料のほうが優れています。

現在用いられている無機顔料は、炭酸カルシウム、粘土鉱物などの体質顔料、酸化チタンや酸化鉄のような金属酸化物、コバルトとアルミナからできたコバルトブルーのような複合金属酸化物、クロム酸塩、硫化物、リン酸塩、金属錯体、炭素、金属粉などです。

体質顔料はその乾燥粉体は白色ですが、屈折率が1・5前後なので、油などと練り合わせて分散させると透明あるいは半透明になります。そのため非着色顔料として用いられるようになった顔料です。単なる増量剤ではなく機能性を付与する顔料としてゴム、プラスチックス、接着剤、紙などに使われ、その目的によって充填剤、填料などと呼ばれています。炭酸カルシウムは塗料、ゴム、プラスチックス、紙に使われています。タバコの巻紙に使われる炭酸カルシウムは①白いのでタバコの葉が見えない、②タバコの葉と同じ速さで燃える、③燃えても臭いがしないという特長があります。カオリンクレーはシリカ四面体層とアルミナ八面体層が重なり合った二層構造の粘土鉱物であるカオリナイトを主成分としたもので、紙に多く使われます。結晶度の高いものは規則正しい六角板状を示し、しかも板状粒子の厚さが薄いことから化粧品にも用いられます。硫酸バリウムは塗料、印刷インキなどにも多く使われ、特殊な用途としてレントゲン写真の造影剤に使用されています。ホワイトカーボンは微粉のケイ酸またはケイ酸塩の総称です。ゴムの補強剤として使用されているカーボンブラックにほぼ匹敵する優れた補強、および充填効果をもつことからそう呼ばれるようになりました。

要点BOX

- 地味だが耐光・耐熱に強い無機顔料
- 彩度が高いが耐光・耐熱に弱い有機顔料
- 非着色で油により半透明になる体質顔料

無機顔料と有機顔料

特性	無機顔料	有機顔料
色相	狭い	広い
色調	地味	鮮やか
隠蔽力	大きい	小さい
透明性	低い	高い
比重	大きい	小さい
耐光性	高い	低いものが多い
耐熱性	高い	低いものが多い

無機顔料の種類

分類	顔料
体質	重質炭酸カルシウム、沈降性炭酸カルシウム、沈降性硫酸バリウム、バライト粉、ホワイトカーボン(シリカ)、アルミナホワイト、焼成クレー、カオリンクレー、タルク、マイカ、ベントナイト
金属酸化物	白：チタニア(酸化チタン)、超微粒子状酸化チタン(光触媒用)、亜鉛華、 黒：チタンブラック、黒色酸化鉄(鉄黒)、　黄：黄色酸化鉄、 赤：赤色酸化鉄(べんがら)、　緑：酸化クロム(Ⅲ)、ビリジアン
複合金属酸化物	黄：チタンイエロー、　青：コバルトブルー、錫酸コバルト、 緑：コバルトグリーン、　黒：銅·クロムブラック
クロム酸塩	黄～橙：黄鉛、　橙～赤：クロムバーミリオン
硫化物	白：リトポン、　黄：カドミウムイエロー、　赤：カドミウムレッド、硫化水銀
リン酸塩	紫：ミネラルバイオレット、コバルトバイオレット
金属錯体	青：プルシアンブルー、群青
炭素	黒：カーボンブラック
金属	銀：アルミニウム粉、　灰：亜鉛末、　金：ブロンズ粉

44 着色顔料

チタンと鉄の酸化物の特長

酸化チタンは古くから白色顔料として使われてきました。屈折率が高いので白く、長期間安定で、現在においても優れた白色顔料の1つです。無害であるため食品添加剤や化粧品、医薬品の白色着色剤にも使われています。

酸化チタンは天然の鉱物として存在していますが、実際に私たちが用いるものは合成されたものです。一般には、天然に存在するチタン鉄鉱（イルメナイト）やルチル鉱石を強酸性溶液に溶解させた四塩化チタンや硫酸チタンを中和させて作ります。顔料用の酸化チタンは大きくルチル型とアナターゼ型があります。また、酸化チタンを還元すると酸素の足りない低次酸化チタンになり、黒い色になります。これはチタンブラックと呼ばれています。また酸化亜鉛も白色顔料として使われています。結晶は六方晶型で水やアルコールには溶けませんが酸やアルカリには可溶です。屈折率は酸化チタンより低く、隠ぺい力はあまりありませんが、耐光性、耐熱性に優れ、ほとんどすべての顔料と併用することができます。

赤、黄、黒の酸化鉄は古くは天然から産出するものを粉砕や焼成して作っていましたが、現在は合成することができます。例えば、硫酸第一鉄水溶液をカセイソーダで中和して、溶液のpHと温度を変えると様々な色の酸化鉄が得られます。黄色酸化鉄はオキシ酸化鉄で、熱を加えると脱水して赤色酸化鉄になります。赤色酸化鉄は三二酸化鉄で、天然では赤鉄鉱として産出されます。黒色酸化鉄は四三酸化鉄で、天然では磁鉄鉱です。磁性があるので分散させるときは注意が必要です。黒色酸化鉄を焼成するとマグヘマイトを経て赤色酸化鉄になります。反応条件によって粒子径をコントロールすることができます。

複数の金属を複合させた複合酸化物も顔料として使います。コバルトとアルミニウムでコバルトブルーができ、コバルトと亜鉛でコバルトグリーンができます。

要点BOX

- 二酸化チタンは白、低次酸化チタンは黒
- 赤、黄、黒の酸化鉄
- 複合酸化物コバルトブルー、コバルトグリーン

白色顔料の性質

	酸化チタン		酸化亜鉛
組成および結晶型	TiO_2 正方晶（ルチル）	TiO_2 正方晶（アナターゼ）	ZnO 六方晶（ウルツ）
密度（g／cm^3）	4.27	3.9	5.67
屈折率	2.72	2.52	2.01
モース硬度	7.0−7.5	5.5−6.0	4.0−5.0
融点	1825	ルチルに転移	1975
バンドギャップ	3.0 eV（413nm）	3.2 eV（388nm）	3.2 eV（388nm）
溶解性	熱濃硫酸、フッ酸に溶解。水、有機溶剤に不溶		熱濃硫酸、フッ酸、塩酸、カセイソーダに溶解。水、有機溶剤に不溶

酸化鉄顔料（赤、黄、黒）の製法

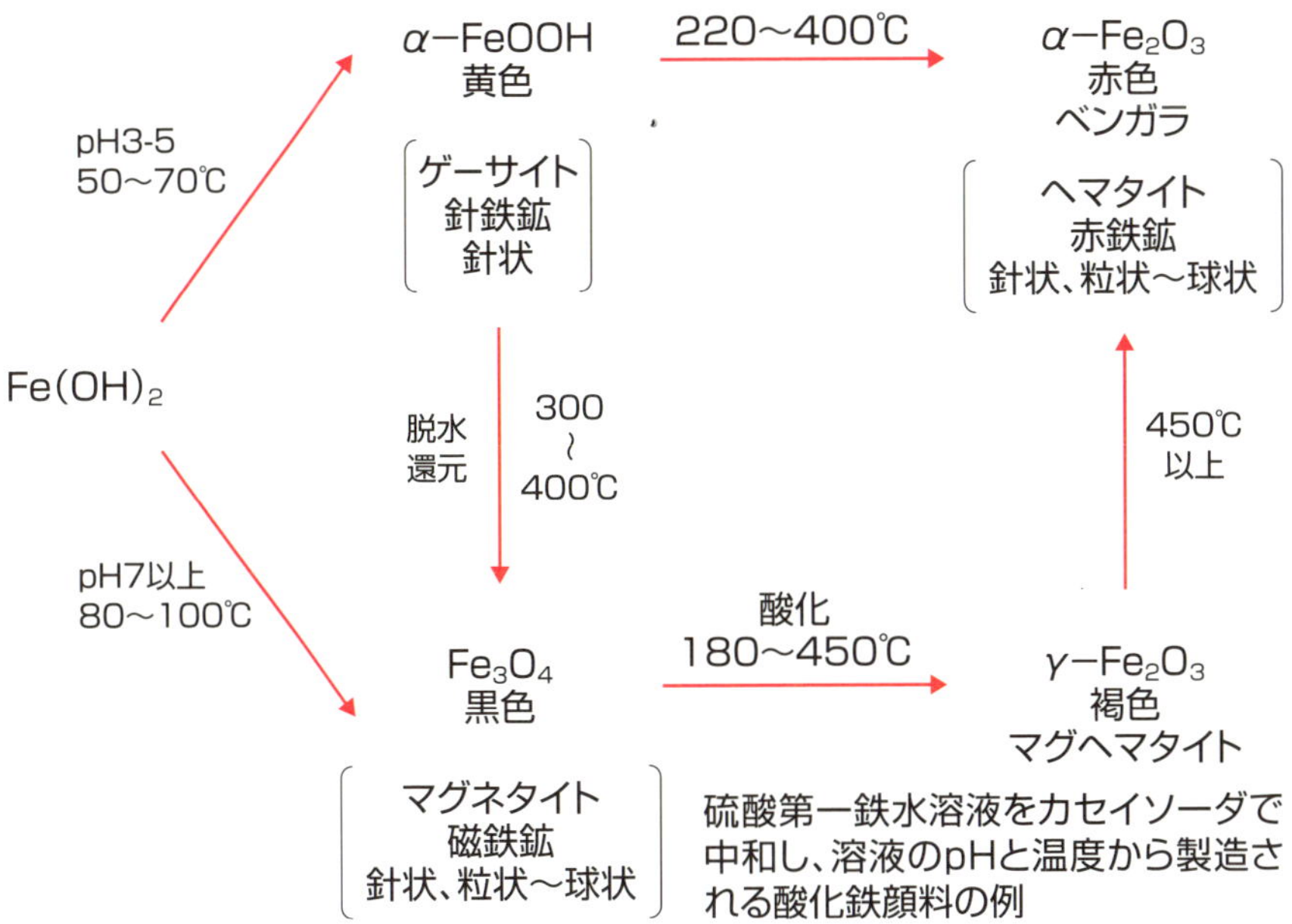

硫酸第一鉄水溶液をカセイソーダで中和し、溶液のpHと温度から製造される酸化鉄顔料の例

出典：光井武夫編「新化粧品学　第２版」南山堂、2001

45 ジェルから作る顔料

ゾル-ゲル法による合成

今から50年ほど前に、テトラエトキシシランと水とアンモニアを含む溶液中で、加水分解によって球形の単分散シリカ粒子が調製されました。金属アルコキシドを用いたゾル-ゲル法で最初に酸化物粒子ができた例です。金属アルコキシドは、金属にエトキシやメトキシのようなアルコキシドが結合したもので、現在、多くの金属から作られています。金属アルコキシドの加水分解によって微粒子が生成し、粒子が分散してコロイド溶液のゾルを経て流動性を失ったゲルとなるのでこの名前がつきました。アルコキシドの加水分解速度は、アルコキシドの種類と濃度、水の濃度、反応温度、溶媒のアルコールの種類、酸・塩基触媒によって影響されます。

テトラエトキシシランの場合を例にとると、酸触媒では第一のアルコキシ基が加水分解を受けやすく、続いて残りが順番に反応します。このため、最初は直鎖状または2次元構造を作りやすいといわれています。

一方、アルカリ触媒の場合は第一のアルコキシ基が加水分解を受けるとその分子の残りのアルコキシ基の加水分解が促進されます。このためアルカリ触媒を使うと反応の初期から3次元構造を作りやすくなります。この反応では加水分解速度で粒子成長過程を制御することができ、その結果、表面積、細孔径、細孔分布、細孔容積などを制御できます。また、2種類以上のアルコキシドを用いれば加水分解速度をコントロールすることで複合酸化物やコア・シェル型の粒子を調整することができます。

ゾル-ゲル法の特長は、①原料が液体なので高純度化が容易で不純物の少ない金属酸化物を作ることができる。また分子レベルで原料を混合でき高均質の製品が得られる。②低温合成が可能である。溶融工程がないので結晶化、相分離がない。③薄膜の合成では真空系が必要なく、大型の設備が不要である。④有機-無機ハイブリッドが創製しやすい。

要点BOX

- ●金属アルコキシドを使うゾル-ゲル法
- ●ゾル-ゲル法は不純物の少ない金属酸化物を低温で作れる
- ●有機-無機ハイブリットが作りやすい

金属アルコキシドの反応

金属アルコキシド

M：金属原子

OR：アルコキシ基

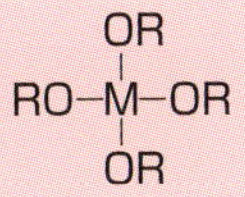

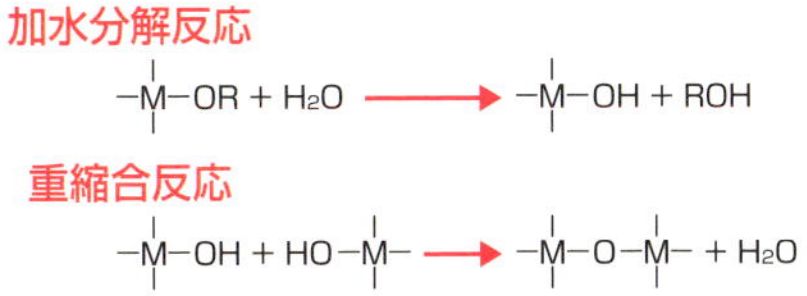

テトラエトキシシランの反応例

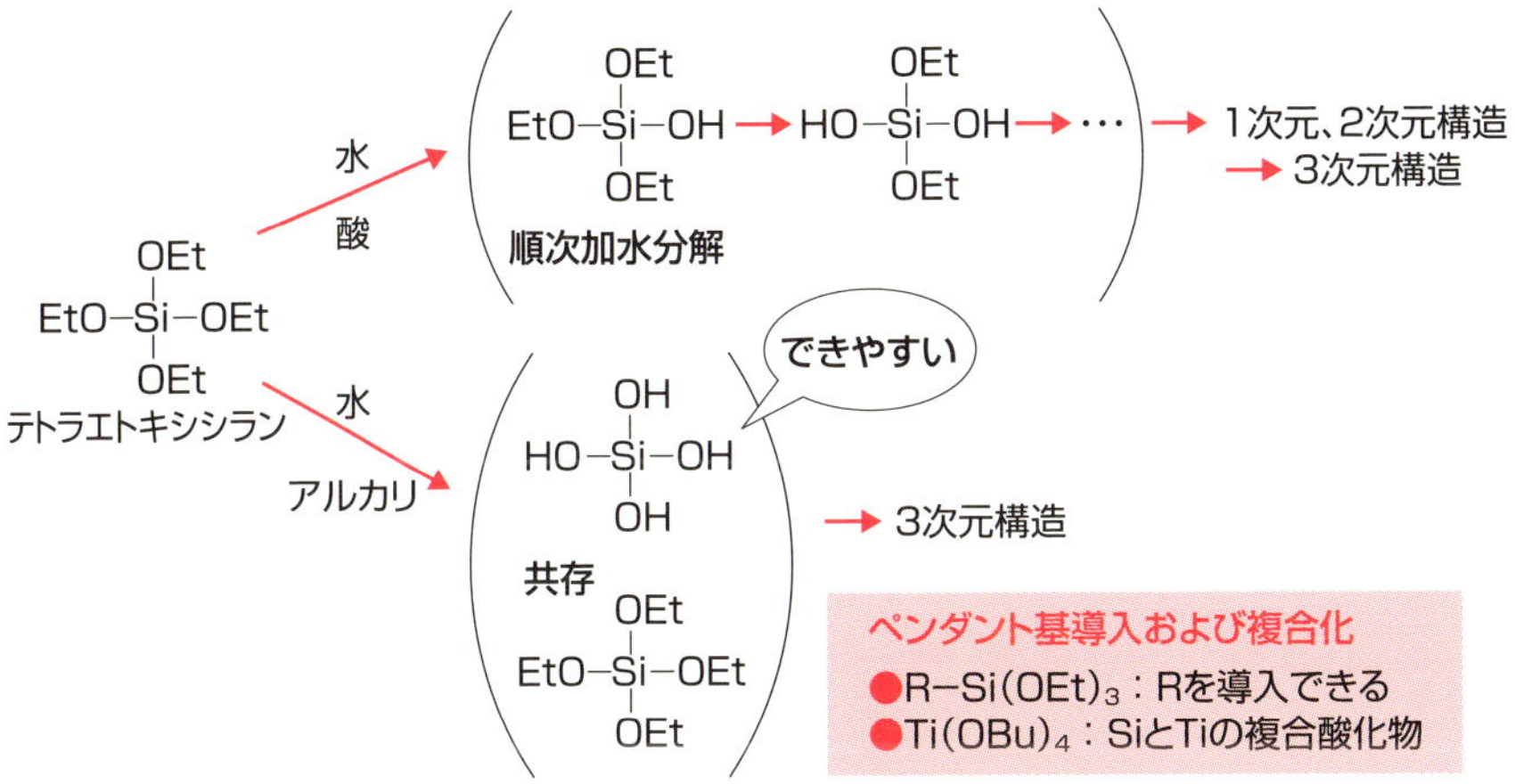

ペンダント基導入および複合化
●R–Si(OEt)3：Rを導入できる
●Ti(OBu)4：SiとTiの複合酸化物

アルコキシド合成が行われた主な元素

1 H																	2 He
3 Li	**4 Be**											**5 B**	6 C	7 N	8 O	9 F	10 Ne
11 Na	**12 Mg**											**13 Al**	**14 Si**	**15 P**	16 S	17 Cl	18 Ar
19 K	**20 Ca**	21 Sc	**22 Ti**	**23 V**	**24 Cr**	**25 Mn**	**26 Fe**	**27 Co**	**28 Ni**	**29 Cu**	**30 Zn**	**31 Ga**	**32 Ge**	**33 As**	34 Se	35 Br	36 Kr
37 Rb	**38 Sr**	**39 Y**	**40 Zr**	**41 Nb**	42 Mo	43 Tc	44 Ru	45 Rh	46 Pd	47 Ag	48 Cd	**49 In**	**50 Sn**	**51 Sb**	**52 Te**	53 I	54 Xe
55 Cs	**56 Ba**	57~71 La-Lu	72 Hf	**73 Ta**	**74 W**	75 Re	76 Os	77 Ir	78 Pt	79 Au	80 Hg	81 Tl	**82 Pb**	**83 Bi**	84 Po	85 At	86 Rn
87 Fr	88 Ra	89~103 Ac-Lr	104 Rf	105 Db	106 Sg	107 Bh	108 Hs	109 Mt	110 Ds	111 Rg	112 Cn						

57 La	**58 Ce**	59 Pr	**60 Nd**	61 Pm	**62 Sm**	**63 Eu**	**64 Gd**	**65 Tb**	**66 Dy**	67 Ho	**68 Er**	69 Tm	70 Yb	71 Lu
89 Ac	90 Th	91 Pa	92 U	93 Np	94 Pu	95 Am	96 Cm	97 Bk	98 Cf	99 Es	100 Fm	101 Md	102 No	103 Lr

46 金属顔料

金属光沢、導電性を特長とする顔料

金、銀、銅、アルミなどの金属には独特の金属光沢があります。なぜこのような光沢が出るのでしょうか？ 金属には自由に動ける自由電子が多くあり、それが電気や熱を運ぶため、金属は電気をよく通し伝熱性も高いのです。自由電子は、光が当たるとそのエネルギーを吸収し共鳴します。光の振動数が金属固有の振動数より小さいときは金属のなかに入ることができず反射します。可視光の領域で吸収できなくなると金属の表面で反射されるようになります。これが金属光沢の原因です。銀は可視光領域をほぼ完全に反射するのであの銀色になります。アルミも反射率は少し落ちますが同じ銀色になります。金は緑色より波長の長い光を反射しやすいため、黄色がかった色になります。銅はさらに赤色側で反射するので赤銅色に見えるのです。

金属粉顔料は、下地をメタリックに隠して保護をする顔料です。アルミニウム、ブロンズ、ステンレスなどの粉末があります。形状は粒状とフレーク状があり、0・1〜1μm程度の大きさです。フレーク状のものは粒状のものを潰して扁平化します。

自動車の塗装で最も古くから使われていたのはアルミ箔を粉砕・研磨したアルミフレークです。粒径により大きなものはギラギラ、小さなものは滑らかな光沢を示します。最近では自動車の上塗り以外に電子機器のメタリック塗装などにも使われています。

アルミフレーク単独ではなく、アルミフレークを酸化鉄で被覆し、赤褐色または黄褐色にしたものや、アルミフレークを樹脂でコーティングしてそこに着色したものなどもあります。また、基板に蒸着させたアルミニウムを粉砕した蒸着アルミフレークも開発されています。また、銀、銅、ニッケルなどの微粉末は、導電性や磁性などを目的として塗布されます。銀は導電性が高く、接触抵抗も小さいために導電塗料用フィラーとして用いられます。

要点BOX

- ●金属の光沢は自由電子
- ●メタリックな塗装に金属粉
- ●金属粉は導電性や磁性目的にも塗布される

金、銀、銅の反射率

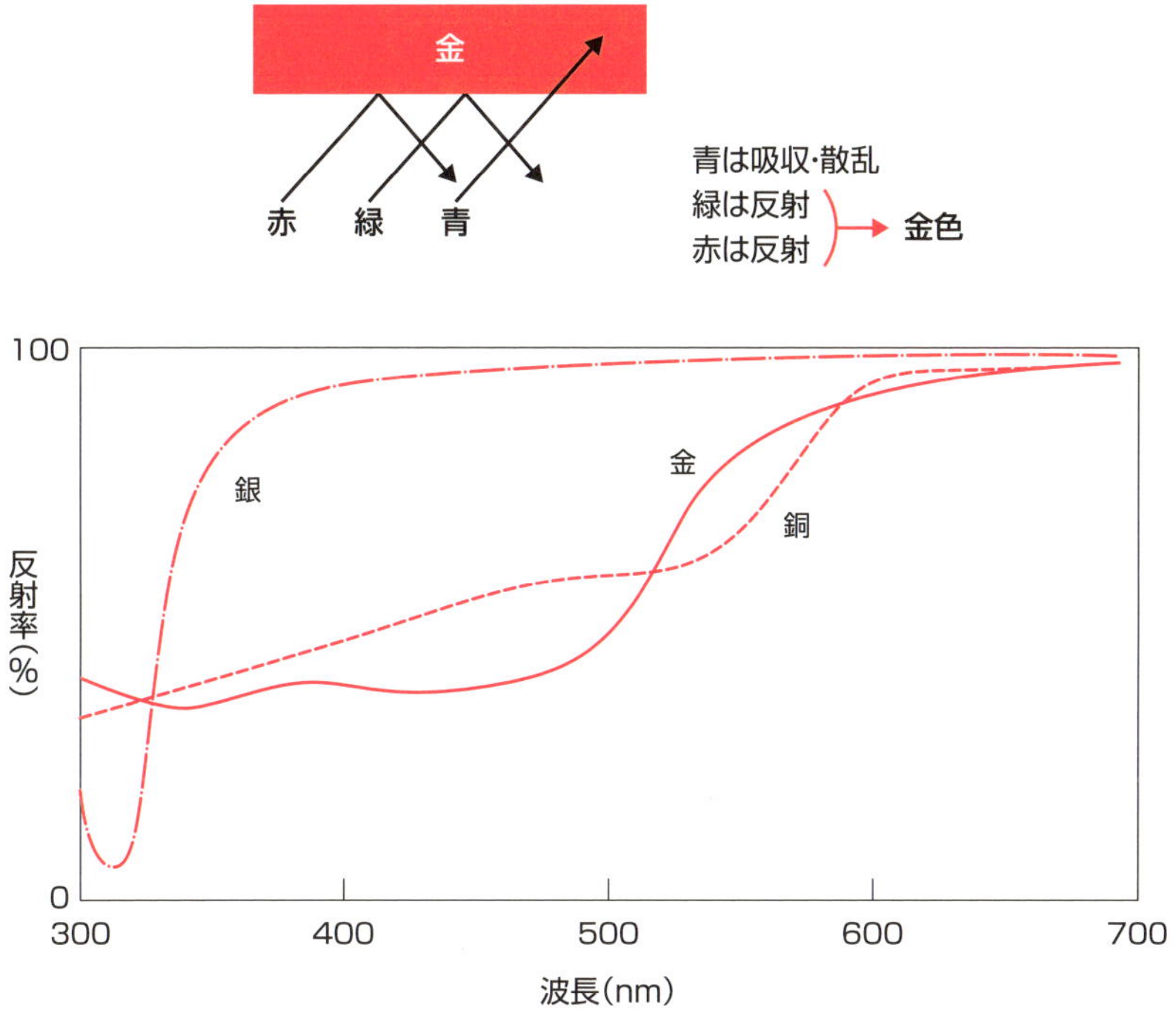

金属顔料の種類とその用途

種類	形状	用途など
アルミニウム	フレーク	リーフィングタイプ ： 船舶、構造物、印刷、耐熱塗料用。細かくて光輝感のあるものはマーカーペン、自動車部品など
		ノンリーフィングタイプ ： 自動車上塗り塗料、メタリック塗装、印刷、樹脂練り込み用
		表面処理タイプ ： 水性塗料、プラスチック用塗料、静電塗装用塗料、粉体塗料用
ブロンズ	フレーク	グラビア印刷、オフセット印刷、樹脂練り込み用
亜鉛	粒	防錆防食塗料用
ステンレス	粉	耐食性、耐磨耗性、耐候性に優れ、装飾用塗料、重防食用塗料に使われる
ニッケル	粉	導電塗料、導電インキ
銀	粉、フレーク	導電塗料、導電インキ、厚膜ペースト
銅	粉、フレーク	導電塗料、導電インキ

47 真珠光沢顔料

干渉色によってパール感をもつ顔料

天然真珠やあわび貝の内側は虹のような七色の彩りで軟らかい光沢をもっています。天然の真珠はアラゴナイトという炭酸カルシウムの板状結晶が層状に堆積しています。１枚の結晶の厚みは約０・４㎛（１㎛は１０００分の１㎜）です。仮に１㎜の真珠層を考えた場合、アラゴナイトの薄膜の枚数は２５００枚にも達します。この表面に光が当たると半透明の層の内部で「多層膜干渉」という現象が起こり、美しいピンク色の干渉色が生じます。結晶と結晶のあいだにはコンキオリンという硬質タンパク質があり、接着の役割をしています。

このような真珠光沢顔料はどうすれば大量に得られるでしょうか。ひとつは魚の鱗からグアニンの微結晶を採取する方法があります。真珠光沢顔料の合成も試みられました。オキシ塩化ビスマスや塩基性炭酸鉛は屈折率も高く、条件を選べば板状結晶として晶出し、真珠光沢があります。このなかで塩基性炭酸鉛は一世を風靡しました。ワイシャツの貝ボタンの代替品として使われましたが、酸やアルカリに弱く、硫黄化合物と反応しやすいこと、および重金属の問題などで主流は雲母チタンに移りました。

白色顔料の分野では鉛白から酸化チタンに変わりましたが、真珠光沢顔料でも同じです。しかし、酸化チタンの結晶ではなく、天然雲母に屈折率の高い酸化チタンを被覆したものです。雲母チタンと呼んでいます。雲母表面上の酸化チタンの膜厚によって干渉色が変化します。酸化チタンのもつ高屈折率、耐酸、耐アルカリ、耐熱に加え、無毒なので今でも主流です。

酸化チタンの代わりに酸化鉄を被覆する場合もあります。また、合成金雲母を使ってくすみをなくしたものや、雲母の代わりにアルミナフレーク、ガラスフレーク、シリカフレーク、さらには一番屈折率の差がある空気層を用いたものまであります。

要点BOX

- 真珠は炭酸カルシウムとタンパク質の層状構造
- 一世風靡した塩基性炭酸鉛
- 主流の雲母チタンは耐酸、耐アルカリ、耐熱、無毒

代表的真珠光沢顔料の種類と物性

種類	魚りん箔（グアニン）	塩基性炭酸鉛	オキシ塩化ビスマス	二酸化チタン被覆雲母	
成分	$C_4H_4N_6O$	$2PbCO_3\cdot Pb(OH)_2$	BiOCl	TiO_2	$KAl_2(AlSi_3O_{10})(OH)_2$
形状	短冊·板状	六角板状	正方板状	微粒子	不定形板状
屈折率	1.85	2.09	2.15	2.3	1.58
比重	1.6	6.8	7.7	3.5	2.8
耐熱性	○	○	○	◎	◎
耐光性	◎	◎	変色	○	◎
耐硫化性	◎	黒変	変色	◎	◎

真珠の構造

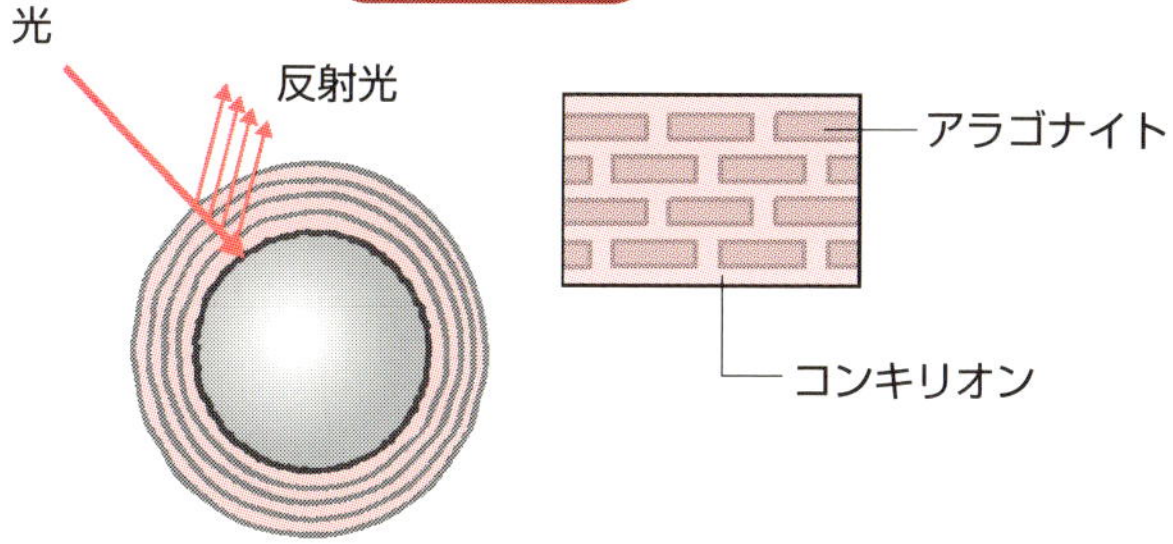

酸化チタンの膜厚と干渉色

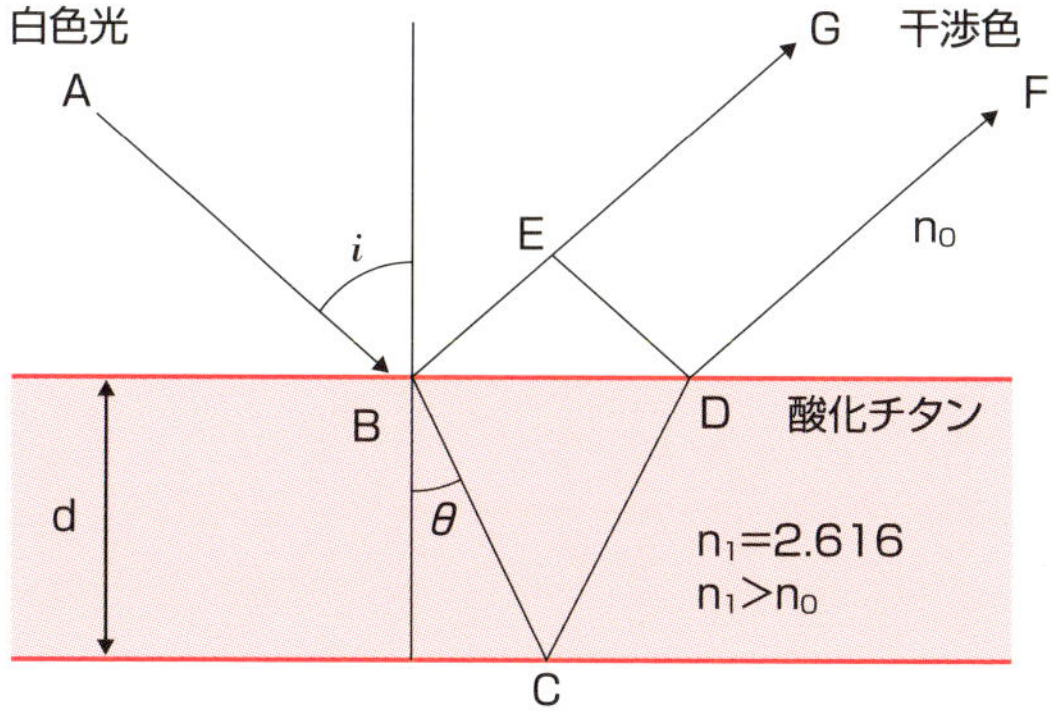

干渉色と膜厚
黄：210nm
赤：250nm
青：310nm
緑：360nm
黄：425nm(二次)
赤：480nm(二次)
青：555nm(二次)
緑：620nm(二次)

$$\lambda_{max}=[4n_1d/(2m+1)]\cdot\sqrt{1-(n_0/n_1)\sin^2\theta}$$

$$m=0、1、2、3、4\cdots$$

白色光Aが屈折率n_0の媒質から屈折率n_i、厚さdの媒質に入射したとき、反射光GおよびFが干渉する様子

出典：木村朝「二酸化チタン被覆雲母の光干渉性を利用した有色粉体の設計に関する研究」1998（学位論文）

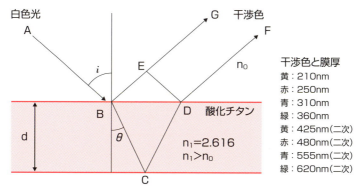

48

液晶の鮮やかな色

コレステリック液晶で色を出す

　建造物や工芸品には光輝性のあるものがあり、法隆寺の玉虫厨子には約4500匹のタマムシが使われたといわれています。多くの昆虫や鳥はサブミクロンの微細構造を利用して鮮やかな色を出しています。カナブンも背中が金属的に反射していますが、これはコレステリック液晶で色を出しており、左か右かの円偏光があります。

　さて、液晶とは何でしょうか？自然界に存在する物質は、温度を上げると一般に固体、液体、気体の順に3つの状態をとりますが、ある種の物質では、固体結晶が溶けて液体になる前に、固体結晶や液体のいずれとも異なる中間の状態（液晶）をとる場合があります。液晶には、ある温度範囲で液晶状態が見られるサーモトロピック液晶と、ある種の物質と水または他の液体との混合によって出現するリオトロピック液晶があります。

　液晶相としては一定方向に並んでいるネマティック液晶、一定方向で層状に並んでいるスメクティック液晶、そして隣り合う層ごとに少しずつねじれて、らせん構造になっているコレステリック液晶があります。最初にイカの肝臓のコレステロールから作ったのでコレステリック液晶と呼ばれています。このらせんのピッチと液晶の平均屈折率の積に対応する波長の入射光は選択的に反射されるので、反射波長が可視光の場合には、液晶は色づいて見えます。しかもコレステリック液晶は温度によってらせんのピッチが違うので、温度によって色が違ってみえます。また、らせん構造では、垂直面から水平面に連続的に色が青に変化するフリップフロップ性の高い光輝性顔料となります。

　らせんのピッチに対応して液晶の色が変化するので、液晶の温度、液晶中に溶け込んでいる物質、機械的な力、電界などを検出することができます。コレステリック液晶はこれらの性質を利用して様々な分野に広く応用されています。

要点BOX

- ●結晶や液体と異なる液晶
- ●コレステリック液晶はらせん構造で色が出る
- ●角度で色の異なるフリップフロップ性

コレステリック液晶のらせん構造

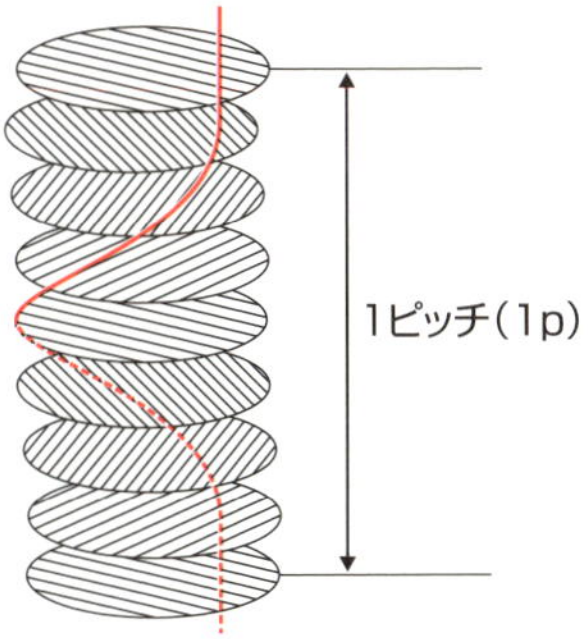

コレステリック液晶のピッチと色

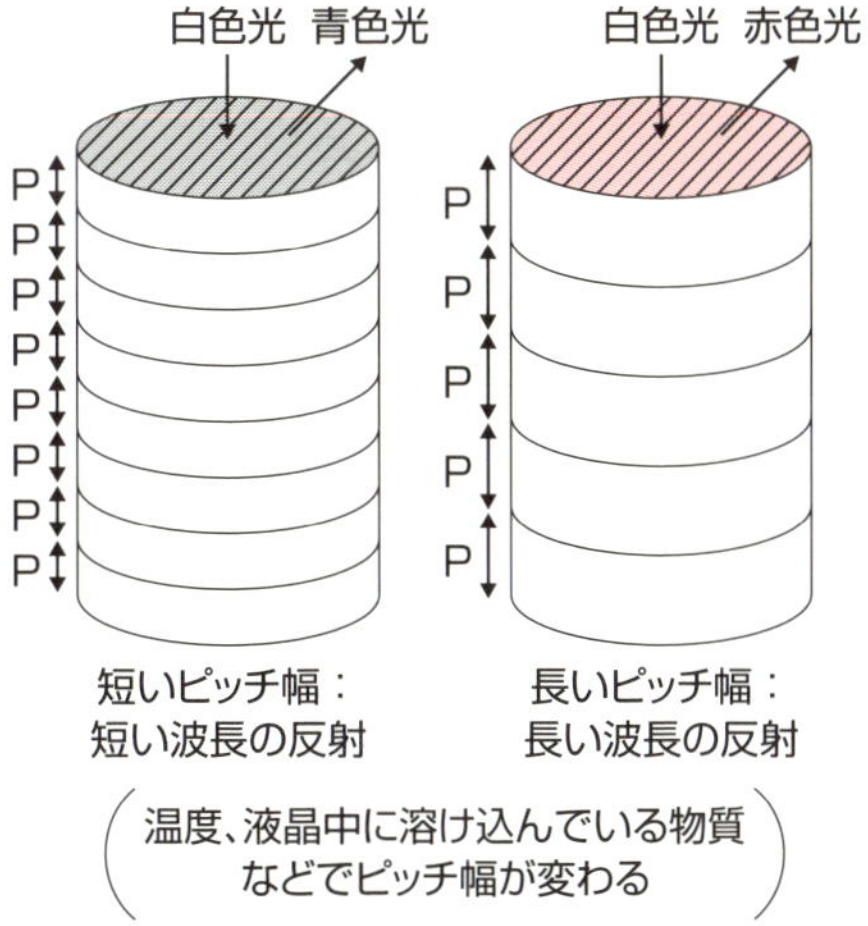

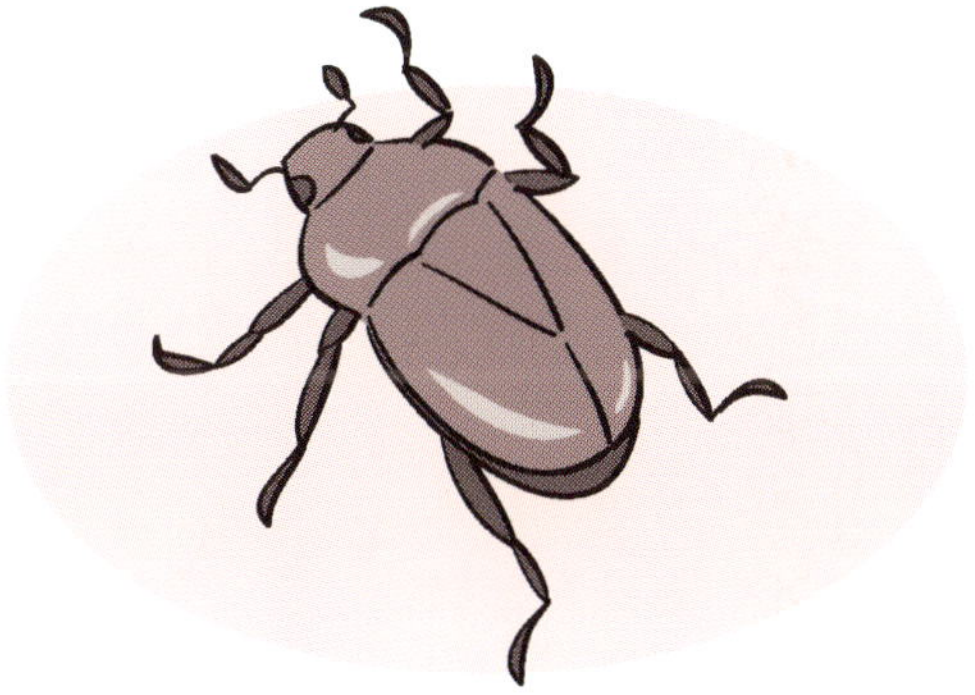

コレステリック液晶のフリップフロップ性

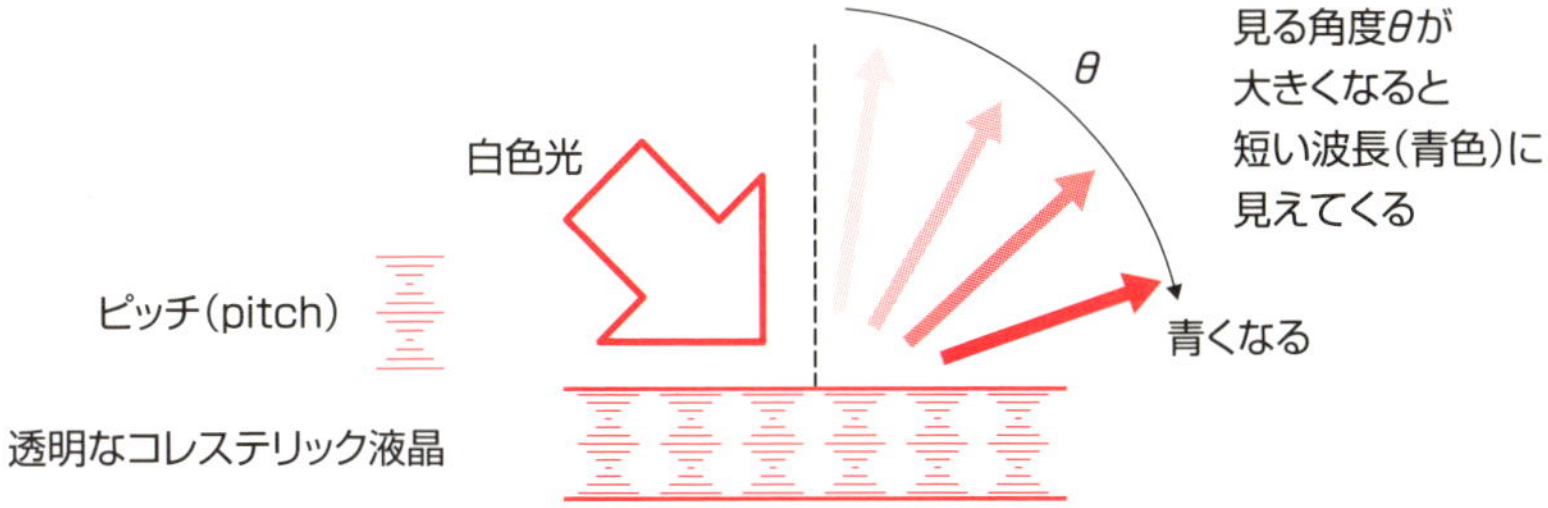

49 蛍光・蓄光顔料

エネルギーを吸収して光る顔料

光を出す顔料についてお話しましょう。物質がエネルギーを吸収すると電子が励起されますが、この励起エネルギーの一部が光エネルギーとして放出される現象をルミネッセンスといいます。そのなかには光、電場、熱をそれぞれ励起エネルギー源とするフォトルミネッセンス、エレクトロルミネッセンス、サーモルミネッセンスがあります。さらに発光寿命の短い蛍光（緩和時間$>10^{-8}$秒）と発光寿命の比較的長いりん光（緩和時間$>10^{-3}$秒）に分けられます。蛍光は励起前後の電子状態の性質が同じですが、りん光では励起された電子が電子状態の異なる準位へ移行し、その準位から発光して基底状態に戻ります。蛍光材料は母結晶とそのなかにドープした賦活剤（蛍光中心）からなります。

蓄光顔料は太陽光や電灯の光を照射した後に、暗いところで光る顔料です。光を溜め込んでいるように見えることから「蓄光顔料」と呼ばれています。蓄光顔料には大まかに100年前から使われてきた「残光性硫化物蛍光体」と新たに開発された「残光性アルミン酸塩蛍光体」の2種があります。蓄光顔料は蛍光体の母結晶となる材料と賦活剤を粉体で混合し、1200〜1440℃の高温で一定時間焼成後、粉砕、分級して作られます。硫化物系は空気中でも焼成可能ですが、アルミン酸系は還元性雰囲気が必要です。粒度は通常5〜15㎛程度ですが、用途によって細かいものもあります。硫化亜鉛系は耐光性を高めるため、ケイ酸カリウムなどで表面処理されています。蓄光顔料は300〜400㎚の波長の光をよく励起するので、この範囲の光が多いほど発光します。

蓄光顔料は昔からガードレールの衝突防止警告や避難経路誘導表示、防災用具のように人命に係る用途や、夜光時計の文字盤、コンパスなど生活に係る道具、光ることでの意外性や奇抜さを狙ったアクセサリー、玩具、スポーツ用品などにも使われます。

要点BOX

- ●吸収したエネルギーを光で放出するルミネッセンス
- ●緩和時間の短い蛍光顔料
- ●緩和時間の長いりん光顔料

蛍光およびりん光の発光機構

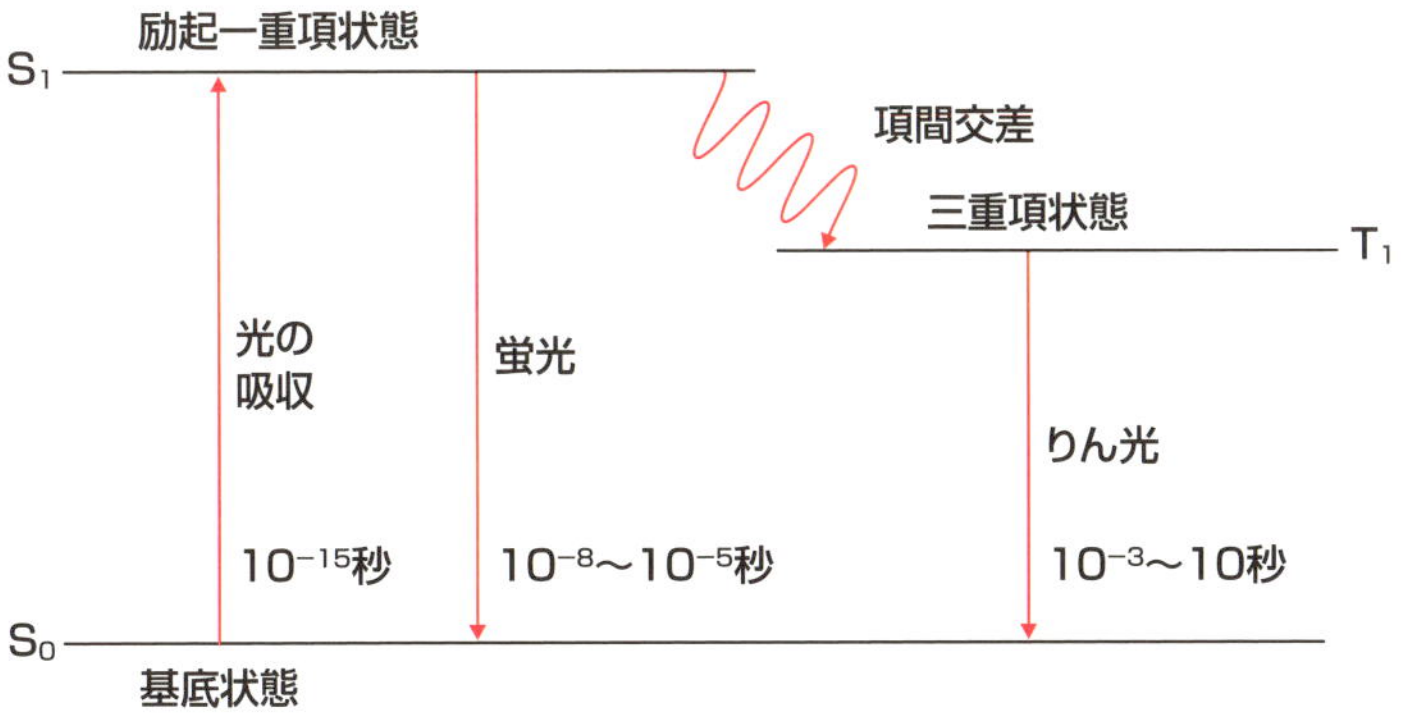

蛍光材料の励起機構と応用

励起機構	母結晶	賦活剤	色	用途
紫外線励起	$Ca_{10}(PO_4)(F, Cl)_2$	Sb^{3+},Mn^{2+}	白	蛍光ランプ
	$BaMg_2Al_{16}O_{27}$	Eu^{2+}	青	蛍光ランプ
	Zn_2SiO_4	Mn^{2+}	緑	蛍光ランプ
	Y_2O_3	Eu^{3+}	赤	蛍光ランプ
	$LaPO_4$	Tb^{3+} , Ce^{3+}	緑	蛍光ランプ
電子線励起	ZnS	Ag^+, Cl^-	青	ブラウン管
	ZnS	Cu^+, Au^+, Al^{3+}	緑	ブラウン管
	Y_2O_2S	Eu^{3+}	赤	ブラウン管
電界励起	ZnS	Mn^{2+}	橙	エレクトロルミネッセンス
	ZnS	EuF_3	赤	エレクトロルミネッセンス
X染励起	Gd_2O_2S	Tb^{3+}	緑	X線増感紙

蓄光顔料の残光特性

種類	組成	発光色	発光ピーク波長(nm)	残光時間(min)
硫化物	CaSrS:Bi	青	450 nm	約90
	ZnS:Cu	黄緑	530 nm	約200
	ZnS:Cu,Co	黄緑	530 nm	約500
アルミン酸塩	$CaAl_2O_4$:Eu,Nd	紫青	440 nm	1000以上
	$Sr_4Al_{14}O_{25}$:Eu,Dy	青緑	490 nm	2000以上
	$SrAl_2O_4$:Eu,Dy	緑	520 nm	2000以上

50 紫外線防御顔料

透明なのに紫外線をカット

　昔は陽に焼けた肌は健康のシンボルでしたが、紫外線が肌にダメージを与えることが明らかになってから日焼け止めを使う人が増えてきました。

　地上に届く紫外線にはUVB（280〜320㎚）とUVA（320〜400㎚）があります。UVBは長く浴びると赤くなり、水ぶくれが起こります。これをサンバーンと呼びます。その後に皮膚が徐々に黒くなります。それをサンタンと呼びます。昔からUVBの防御は行われてきましたが、UVAはサンバーンが起こらずサンタンだけが起こるのであまり気にされていませんでした。しかし最近、真皮まで影響を与えシワの原因となることがわかったため、UVB、UVAともに防御するようになりました。

　酸化チタンや酸化亜鉛の超微粒子は紫外線防御に使われています。酸化チタンはUVB、酸化亜鉛はUVAの防御粉体として使われています。超微粒子である理由は、粒子が光の波長くらい大きくなると散乱して白くなってしまうからです。可視光の波長より小さい粒子を使えば塗っても白くならず、紫外線を吸収・散乱します。超微粒子の酸化チタンを使うとときどき紫色に見えることがあります。これはレイリー散乱の色です。

　さて、光を吸収して電気に変える物質として光半導体がありますが、酸化チタンはそのひとつです。可視光ではエネルギーが弱いので電子を励起させることができませんが、紫外線のエネルギーは強いので吸収して電子を励起できます。例えばバンドギャップが3・0eVのルチル型の酸化チタンは、413㎚以下の波長の光で価電子帯の電子が伝導帯に励起されます。つまり413㎚以下の紫外線は吸収されて電子が移動しますが、413㎚以上の可視光は吸収しないのです。可視光が吸収されないのは色がつかないことなので、色はつかずに紫外線だけを吸収することになり、サンスクリーンに適しているのです。

要点BOX

- 皮膚への作用の異なるUVA、UVB
- 光半導体で可視光は吸収せず紫外光だけ吸収
- 可視光の波長より小さな粒径で透明に

紫外線吸収顔料

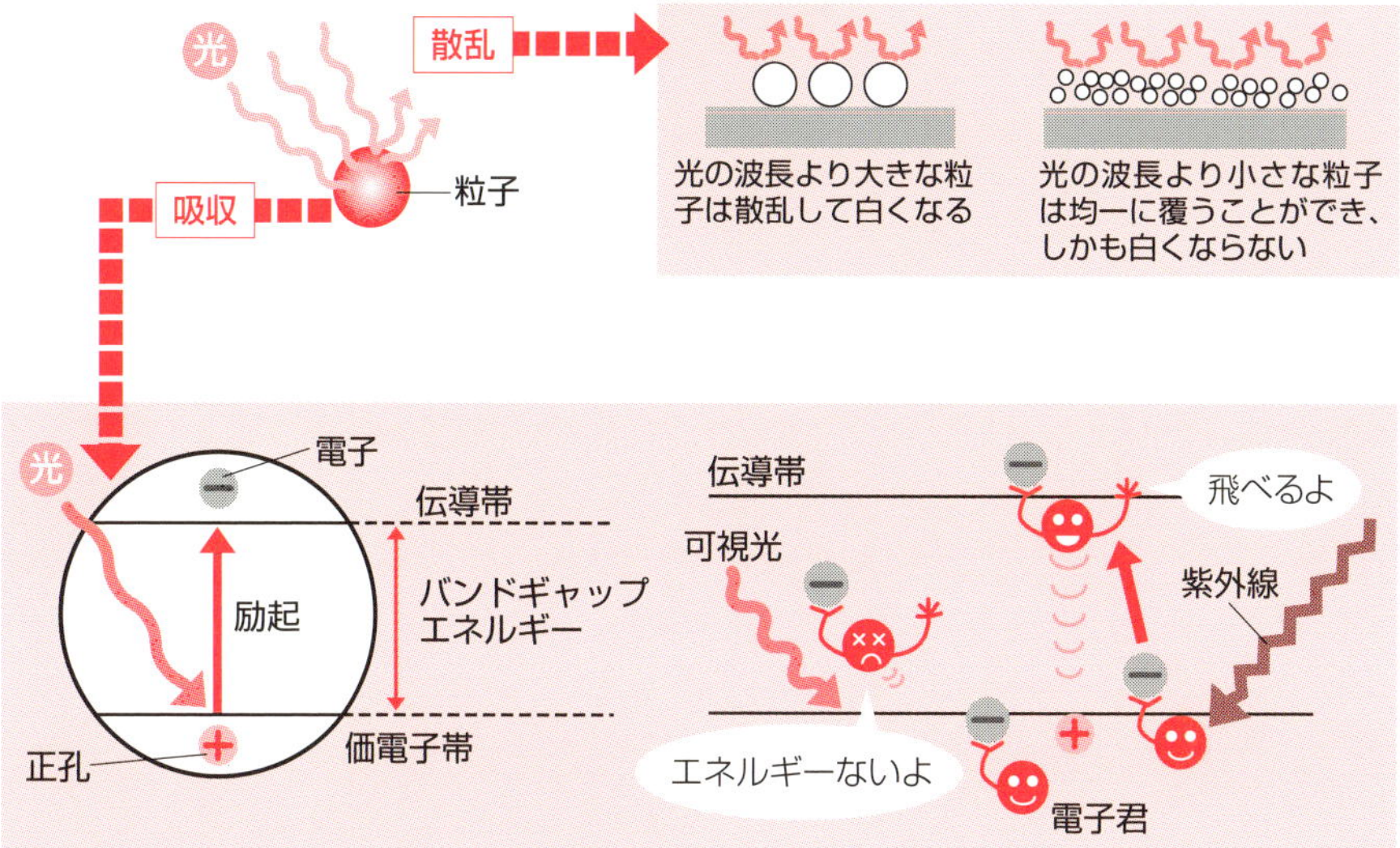

バンドギャップ(eV)=1240/波長(nm)

(例)● 二酸化チタン:ルチル型 3.0eV:413nm
アナターゼ型 3.2eV:388nm

● アナターゼ型を例にとると388nmより短い紫外線を吸収し、電子が移動する

酸化チタン、酸化亜鉛の構造と紫外線防御特性

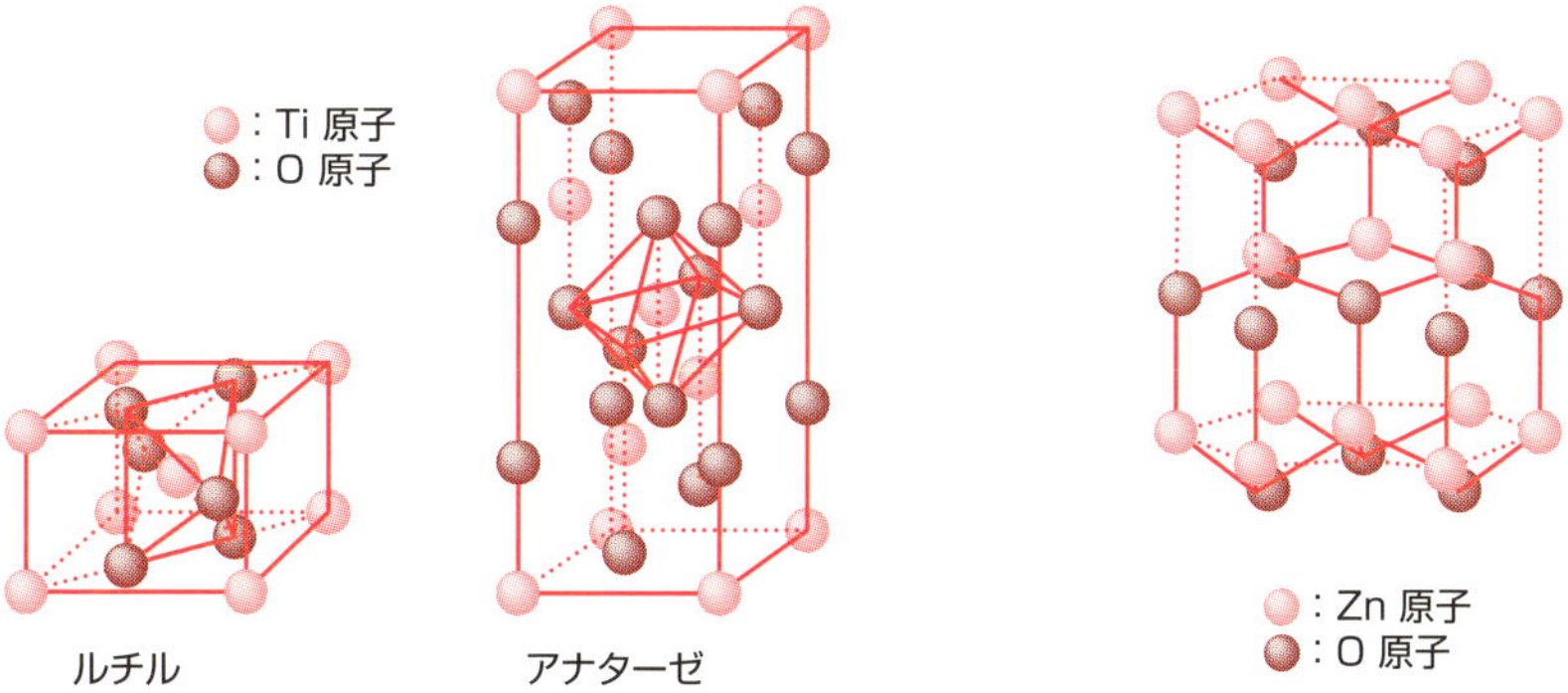

酸化チタン・ルチル
3.0 eV (413 nm)

酸化チタン・アナターゼ
3.2 eV (388 nm)

酸化亜鉛・六方晶
3.2 eV (388 nm)

- ルチルが最も安定。アナターゼも900℃付近でルチルに転移
- 紫外線防御には100nm以下が多く用いられる(UVBと透明性:10~35nm、UVA:70~90nm)

- 酸化チタンと比較して屈折率が低いので散乱が弱く、透明性が高い。
- 粒径25~35nmのものが用いられる

51 ナノ粒子の不思議

表面プラズモンと量子ドット

教会のステンドグラスの赤や薩摩切子の赤い色はとても鮮やかですね。実はこれには金のナノ粒子が使われています。金の粒子を小さくしていくと赤い色になってきます。なぜでしょうか？金のナノ粒子の表面には、偏った自由電子による強い電場が発生します。この金のナノ粒子に光を当てると、金の内部の電子が揺さぶられて電子集団の波ができます。この状態をプラズモン、表面だけでみられるので表面プラズモンとも呼ばれます。このプラズモンはある条件のもとに光の振動と共鳴することがあり、光のエネルギーが金属に吸収されます。金の場合は青から緑が吸収され、赤の成分だけが反射されます。これが金のナノ粒子の混ざったステンドグラスが赤く見える理由です。

ナノの利用の1つに量子ドットがあります。量子ドットは、10^2～10^4個の原子から構成されるナノ結晶で、その電子状態は価電子帯および伝導帯からなるバンド構造を形成しています。バンドギャップより大きいエネルギーの光子を吸収すると、価電子帯から伝導帯へ電子遷移が起こります。価電子帯には正の電荷をもった正孔が、また伝導帯には励起電子が存在し、電子と正孔とが再結合するときに光子を放出します。これが半導体量子ドットの蛍光です。粒子のサイズを変えると、紫外から近赤外まで幅広い波長域において左右対称で非常にシャープな蛍光スペクトルを示します。また、光退色があまり起こりません。量子ドットは蛍光色素と比較して、吸収した光で発光する割合（量子収率）が非常に高く、また、短波長領域ほど吸光度が高いという特徴をもっています。

1990年代に配位性有機化合物を溶媒として有機金属化合物を熱分解させたホットソープ法でセレン化カドミウム（CdSe）が合成されましたが、生体内でのイメージングへ応用するにはカドミウムフリーが必要で、細胞毒性の少ないリン化インジュームなどが開発されています。

要点BOX

- ステンドグラスの赤は金ナノ粒子
- 表面プラズモンが光と共鳴
- 量子ドットの粒子径で蛍光波長が異なる

ホットソープ法

CdSeなどの半導体粒子の合成と表面処理を同時に行う

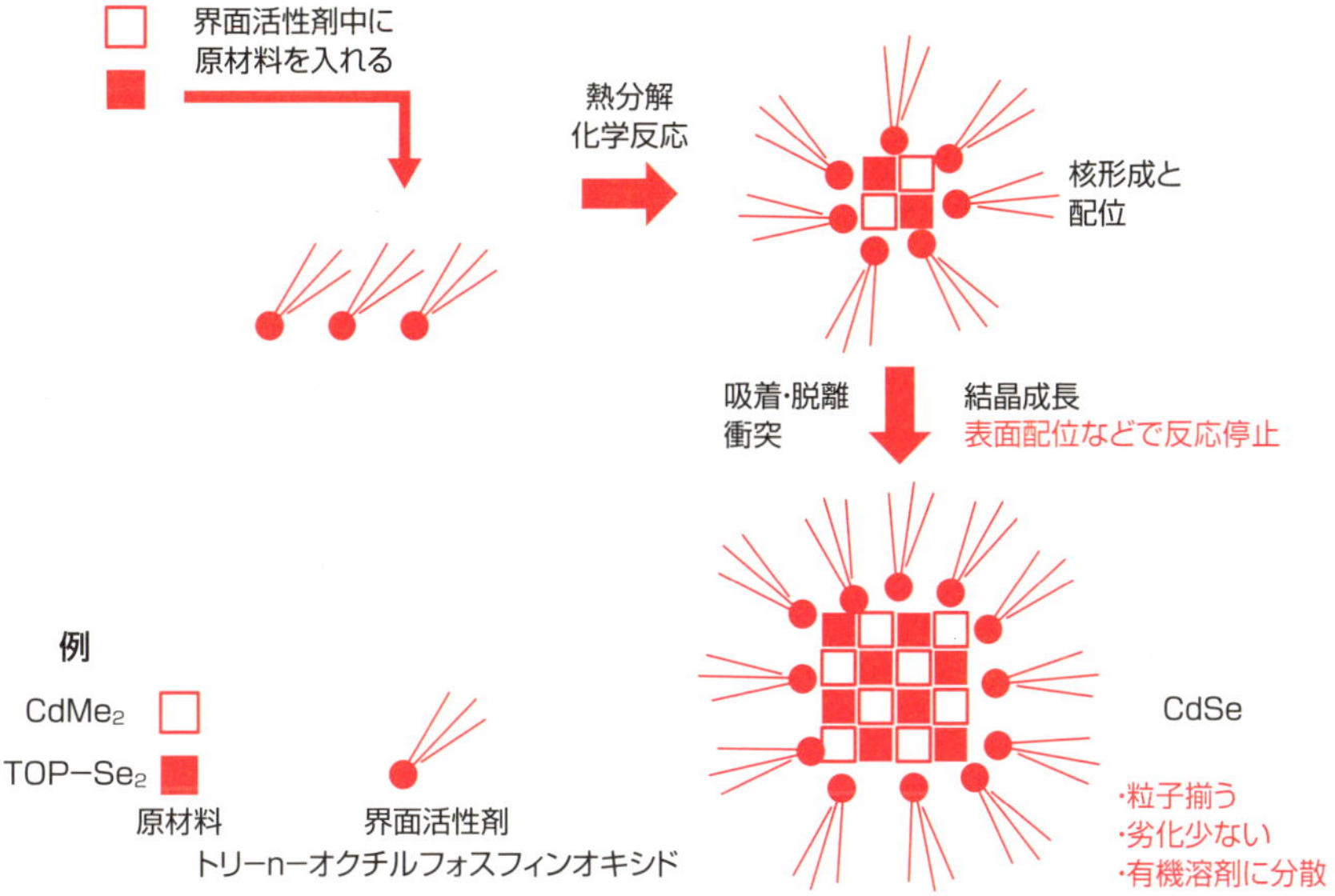

ステンドグラスの赤

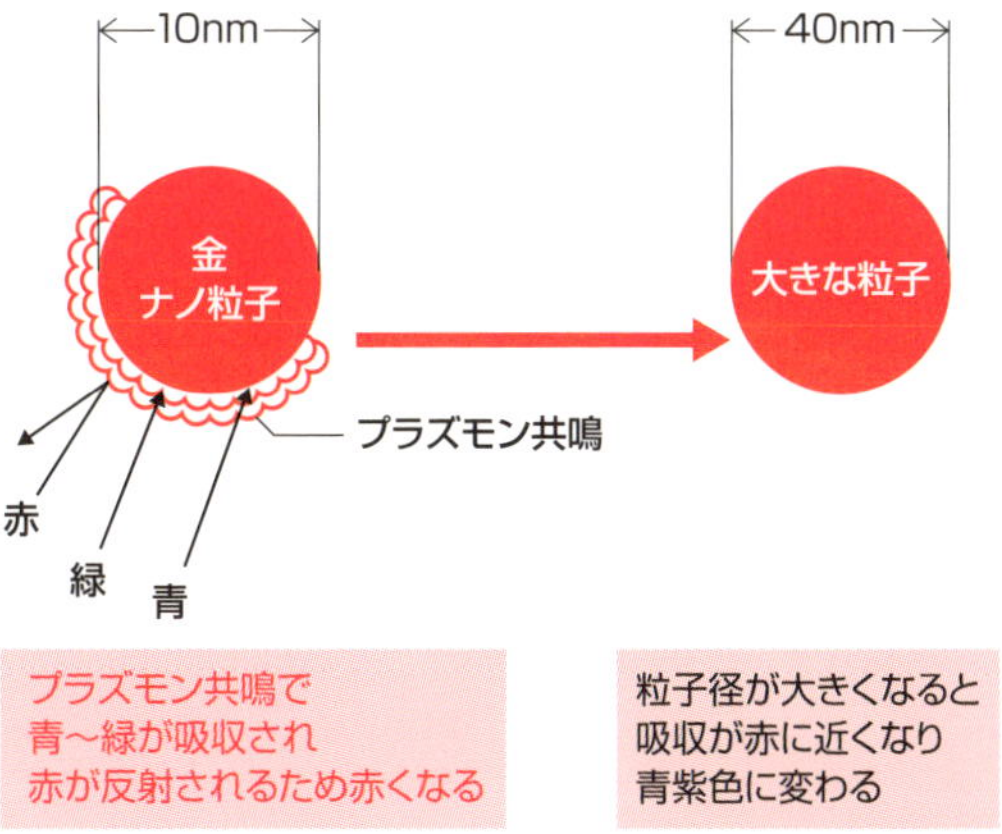

Column

セレンディピティ

「セレンディピティ」という言葉は、何かを探しているときに、探しているものとは別の価値あるものを見つける能力・才能を指す言葉です。何かを発見したという「現象」ではなく、何かを発見する「能力」を指します。この語源は『セレンディップの3人の王子』というペルシャの童話を読んだ18世紀のイギリスの作家ウォルポールによりはじめて使われました。登場人物の3人の王子が偶然と洞察力をもとに、旅の途中で探し求めているものを発見することを呼んだものです。アレクサンダー・フレミングによるペニシリンの発見、ロイ・プランケットによるテフロンの発見、パーシー・スペンサーによる電子レンジの発明などがその例です。大発明ではなくても研究をしていると時々セレンディピティに遭遇します。

昔、同じ研究室の後輩が「これを見てください！」といって8つの区切りの「るつぼ」をもって見せてくれたときはとてもびっくりしました。8つの区切りには、はっきりとした干渉色の8種類の色のパール剤が光り輝いていました。パール剤は雲母の上に酸化チタンを被覆したものですが、当時、酸化チタンを還元すると酸素の足りない低次酸化チタンができてその色が黒いことは先輩の研究でわかっていました。黒いパール剤を作ろうとしていろいろな種類のパール剤を還元したら、はっきりした干渉色のパール剤ができて輝いていたのです。私はそれを見て「なんとラッキーな人間もいるものだ！」と思いました。このパール剤はその後市販されてオートバイなどに塗られましたが、なかなか良い光沢でした。私も顔料にある化合物をガス状態で吸着させてその構造を調べるために赤外線吸収スペクトルを測定していたとき、実験後の顔料が偶然水に浮くことを見つけて新しい表面処理方法を見つけたことがあります。その化合物をガス状で顔料に接触させると自己組織化によって顔料上に非常に薄い膜が均一に形成されます。そしてその上に様々な機能性をもたせることができました。これが2章に紹介した機能性ナノコーティングです。

第6章

色素の機能と先端技術のなかの用途

52 光エネルギーを熱に変える

CD-RやDVD-Rに使われている色素

CD-RやDVD-Rは、追記型光ディスクと呼ばれ、情報の記録をレーザー光で1回だけ行うことができ、CDやDVDと同様に何度でも再生することができます。CD-Rが公文書の保存用光ディスクや放送局内での音源マスターディスクに使用されて以来、音楽の録音、映画やビデオカメラの映像録画にCD-RやDVD-Rが使用されています。

色素の役割は、効率良くレーザーの光を吸収して、その光エネルギーを熱に変換して色素膜の一部を分解させて凹みをつけ、色素膜の反射率の変化を引き起こすことです。CD-Rの記録層に使用される色素は、半導体レーザー光領域でよく吸収し、薄膜状態では780nm付近で、高い反射率を有する「近赤外線吸収色素」となります。

一般に有機色素の固体膜では、色素の吸光度が最大となる波長と反射率が最大となる波長は一致しません。反射率が最大となる波長は、吸光度が最大となる波長よりも20～30nm長波長側で現われるのが一般的で、吸収波長と反射率の特性を考慮して色素を選択する必要があります。また、これら色素層は基板を回転させたところに色素の塗布液を滴下して薄膜を製膜するスピンコート法で作製されることから、用いる近赤外線吸収色素はポリカーボネート基板を傷めない有機溶媒に高い溶解性をもつことも求められます。実用化されたものはいずれも日本で開発されたもので、シアニン系色素、フタロシアニン系色素、含金属アゾ色素などの金属錯体です。

一方、DVD-Rに使用されているレーザーが650nmであることから、DVD-Rは、記録層に550～630nmで吸収する色素が必要とされています。既存の染料や顔料の色素骨格が応用可能になるので、現在、市販されているDVD-Rには含金属アゾ系色素やシアニン系色素などが記録層に用いられています。

要点BOX

- CD-Rには、記録層として近赤外線吸収色素を利用
- レーザーの光で色素が溶けるまたは分解することが必要

CD-Rの構造模式図

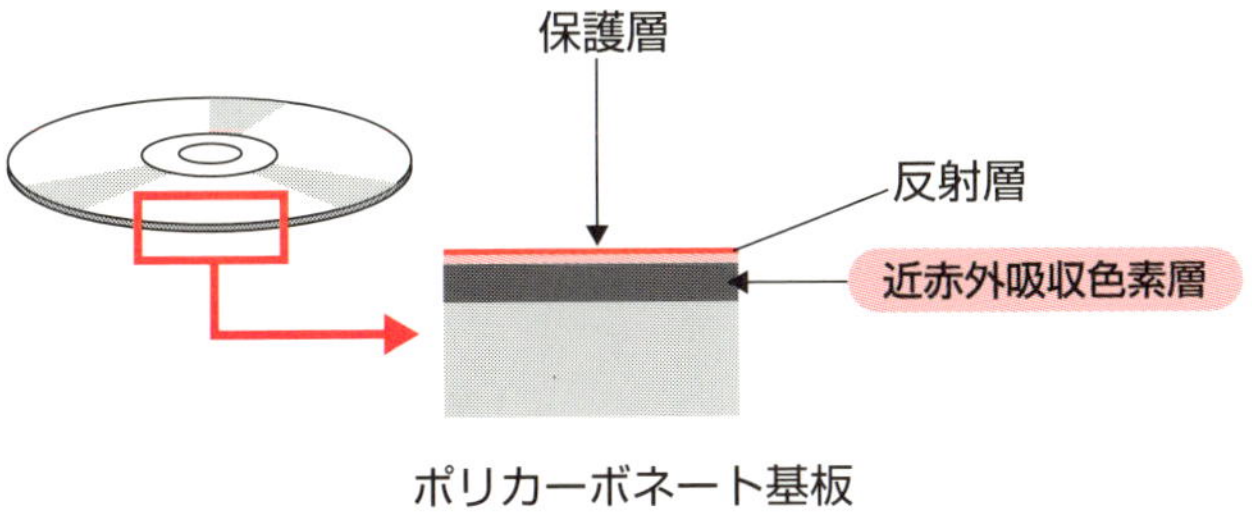

CD-Rの記録、再生の原理

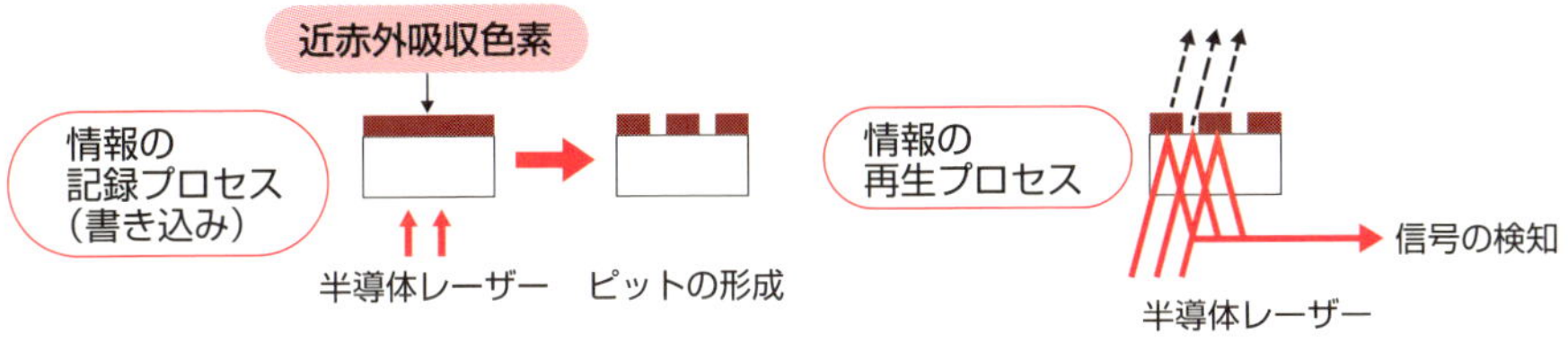

半導体レーザーと記録層に使用される色素の吸収スペクトル

((a):CD-R、(b):DVD-R))

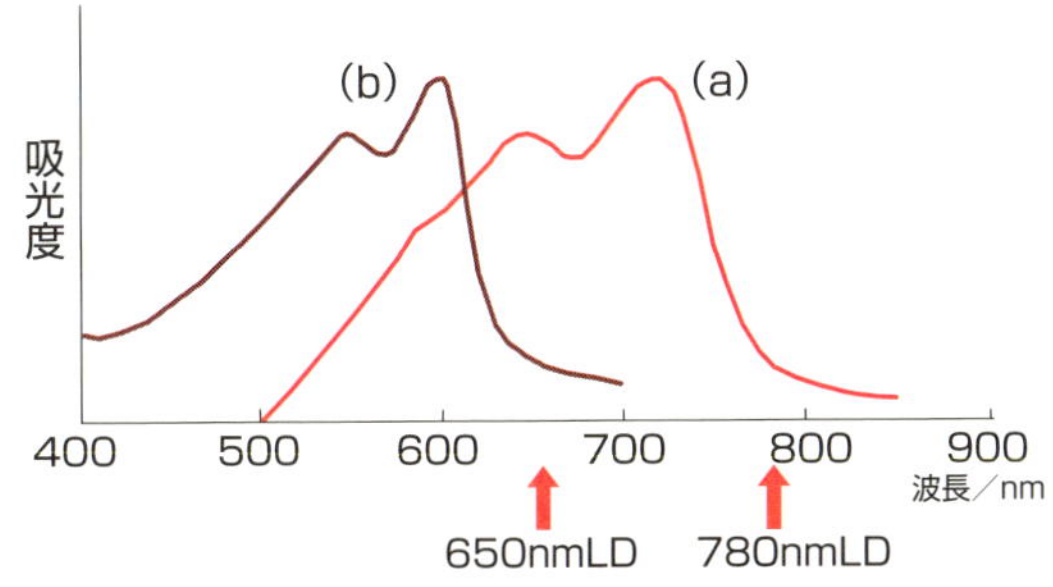

CD-Rに使用される近赤外吸収色素

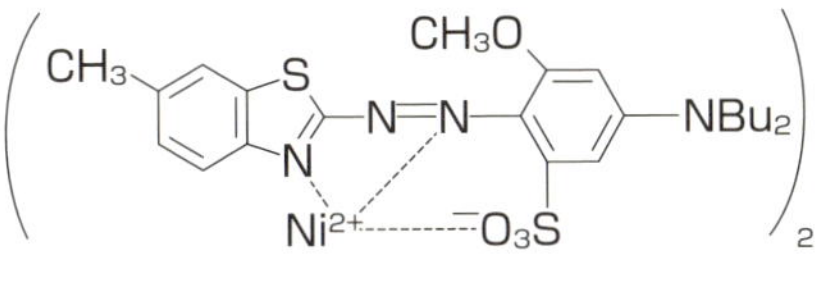

含金属アゾ色素

53 光の進む方向を制御する

偏光フィルムに使われる二色性色素

溶液中の色素は、いろいろな方向に分散しているので、どこから見てもいつも同じ色に見えます。色素がある方向に配列する（配向）ことで、ある方向からは着色して見え、それに垂直な方向では、無色に見えることがあります。このような現象を示す色素を「二色性色素」と呼びます。

色素分子は、液晶中に分散させるか、染色したポリマーを延伸することで、ある方向に配列させることができます。液晶中の二色性色素は、液晶分子と同じ方向に配列することで、見る方向で着色したり無色に見えたりします。

さらに、このようなセルに電場を加えると、その電界によって液晶分子の配列が変化するので、その動きによって色素の配向も変化し、表示材となります。この場合、液晶がホストで二色性色素がゲストになることから、これを「ゲスト-ホスト表示用二色性色素」といいます。液晶中における二色性色素の特性は、二色性比（D）と秩序度（S）によって表されます。Dが大きいほど、Sが1に近づくほど、優れた二色性色素となります。色素分子の遷移モーメントが分子軸とどのような関係にあるかは、色素の分子軌道計算から容易に明らかになります。

アゾ色素やアンスラキノン色素では、色素分子が配向するための分子軸、すなわち色素の基底状態の双極子モーメントの方向と、着色のもととなる遷移モーメントの方向が一致するので、高い二色性が期待されます。また、ポリビニルアルコールフィルムや、ポリエステルフィルムを二色性色素で染色した後、フィルムを一方向に延伸すると、ポリマーの主鎖の配列に沿って、含有する二色性色素も強制的に配向します。このようにして色素偏光フィルムが作られます。車載用液晶ディスプレイには、このような偏光フィルムが2枚使用されています。

要点BOX

- 直線性、平面性の高い色素が二色性を発現
- 車載用ディスプレイや液晶プロジェクター用途に使用

二色性色素による偏光フィルムの作製概要

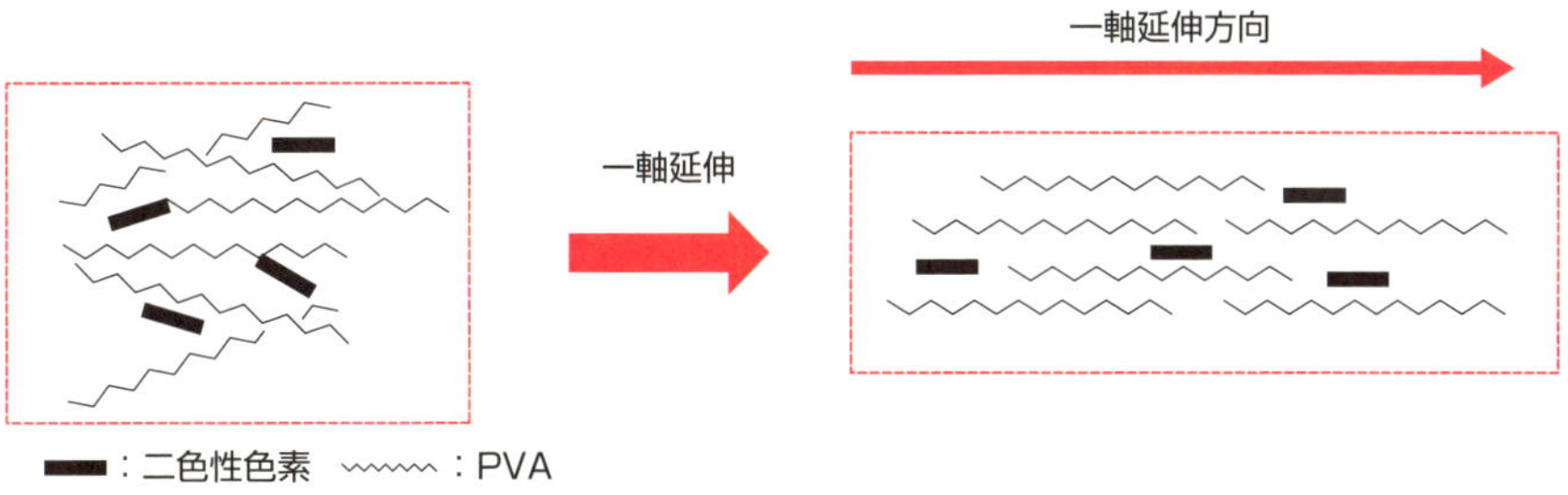

偏光フィルムによる遮光の概念図

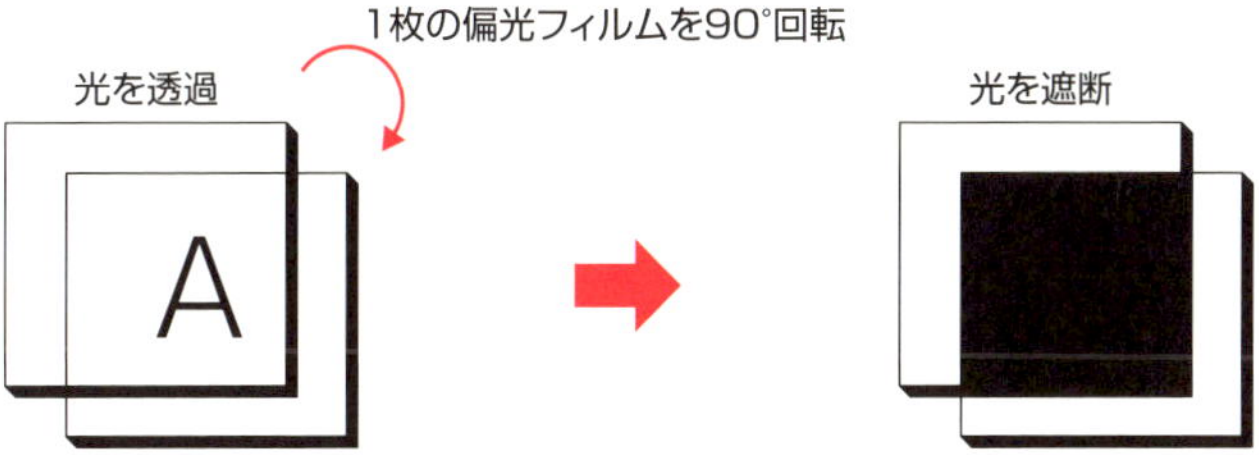

(a) 2枚の偏光フィルムの偏光方向が同じ　　(b) 2枚の偏光フィルムの偏光方向が直交

PVA系偏光フィルム用二色性色素の例

NaO$_3$S—⟨⟩—N=N—⟨OCH$_3$/H$_3$CO⟩—N=N—⟨OCH$_3$/H$_3$CO⟩—N=N—⟨OH/NaO$_3$S⟩—N=N—⟨⟩—OH　　青色系

NaO$_3$S—⟨⟩—N=N—⟨OCH$_3$/H$_3$C⟩—N=N—⟨OH/NaO$_3$S⟩—NH—⟨⟩　　紫色系

NaO$_3$S—⟨⟩—N=N—⟨⟩—N=N—⟨OH/NaO$_3$S⟩—NHCO—⟨⟩　　赤色系

C$_2$H$_5$O—⟨⟩—N=N—⟨SO$_3$Na⟩—CH=CH—⟨SO$_3$Na⟩—N=N—⟨⟩—OC$_2$H$_5$　　黄色系

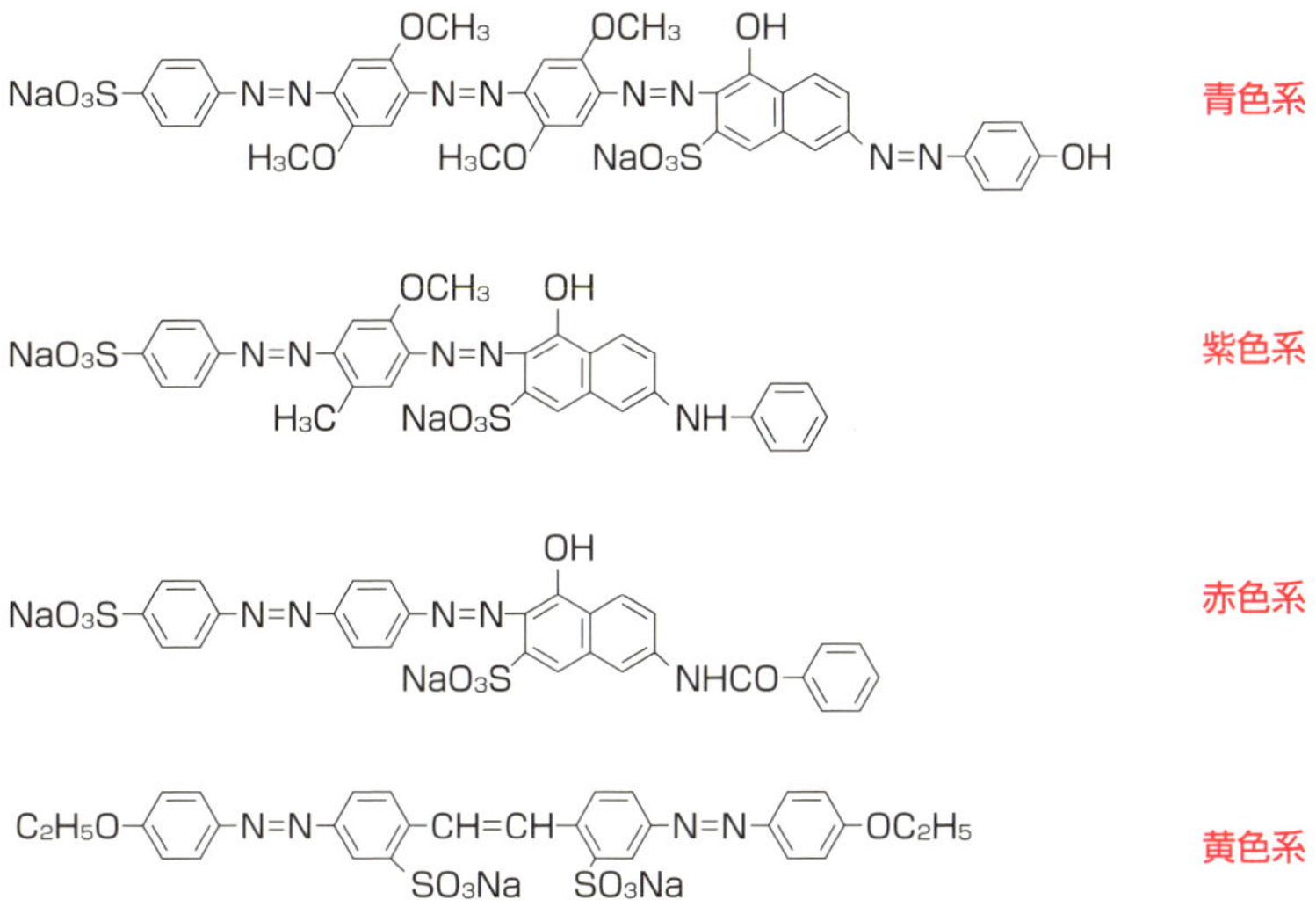

54

光で電荷が発生する

コピー機の有機感光体に使われている色素

　一般的に用いられている複写（コピー）機の画像形成プロセスは電子写真と呼ばれ、有機色素は光を当てたときに電気が流れる感光体部分に使用されています。

　代表的な有機感光体は、アルミニウムの円筒の上に露光の干渉を防止する層、色素を含む電荷を発生する層（CGL）と発生した電荷を移動させる層（CTL）の積層された構造です。この感光体の役割は、その表面に文字や画像の静電潜像を形成することです。はじめに、感光体表面を負帯電させ、読み取った文字や画像データを光信号に変換して、光を照射して感光させます。光照射された感光体では、CGLに使用されている色素が励起され、この励起子から電子移動をともない一対の電子と正孔（+電荷）が発生します。このうち、電子はアルミニウムへ、正孔はCTLを移動し表面の負電荷を中和させることによって、静電潜像を形成します。

　代表的な複写機では、白色光源が使用されるため、色素は可視光領域に吸収を示すトリスアゾ系色素などが用いられます。アゾ系色素は、原料のアミン成分とカップリング成分の組み合わせにより多種類の分子構造が可能であり、高感度、光安定性に優れた高性能な色素の創製が容易です。また、使用するアゾ系色素は、耐久性を保持するために、分子内および分子間で水素結合形成により固体膜中での安定化が計られています。レーザープリンター用には、光源として半導体レーザーが用いられるために、非晶質や結晶状態で760～860㎚の近赤外光領域に吸収をもつベンゾカルバゾール系トリスアゾ顔料（1）、オキシチタニルフタロシアニン系色素やガリウムフタロシアニン系色素が開発されています。トリスアゾ顔料（1）では、カルバゾール環のN-H基が関与する分子間相互作用で固体膜中での吸収波長が著しく長波長側に移動し、近赤外光領域での感度に優れた電荷発生用色素となっています。

要点BOX

●白色光やレーザー光によって電荷が発生する色素
●発生した電荷を移動させるための工夫が必要

二層型有機感光体の動作原理

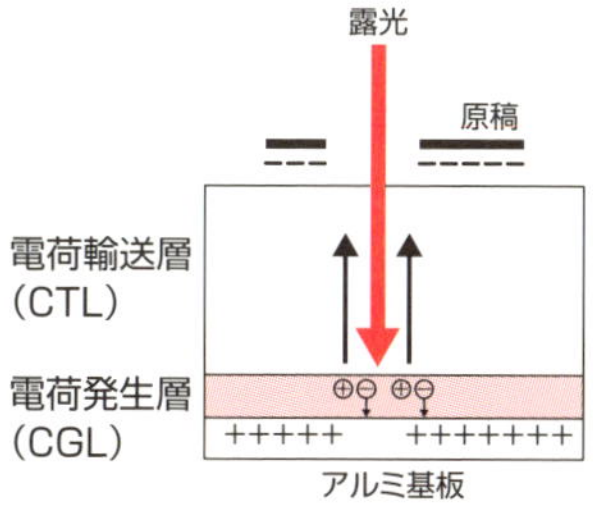

電荷輸送基を有するアゾ顔料

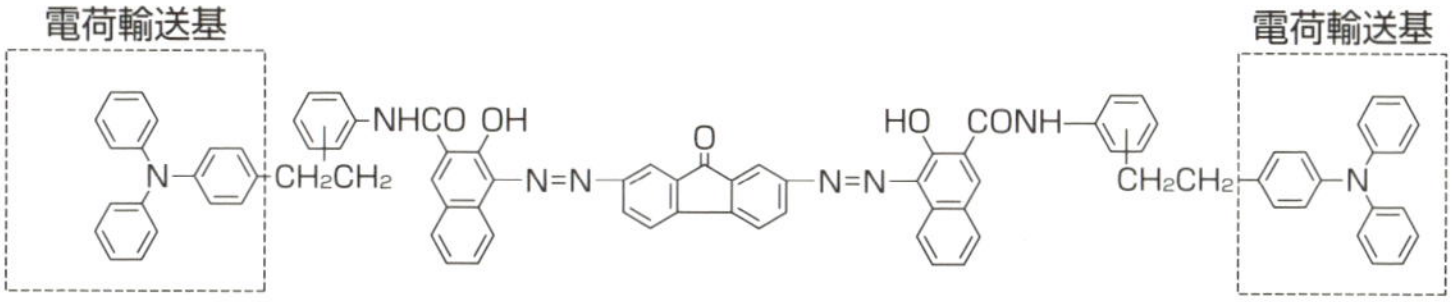

有機光導電体に使用される色素

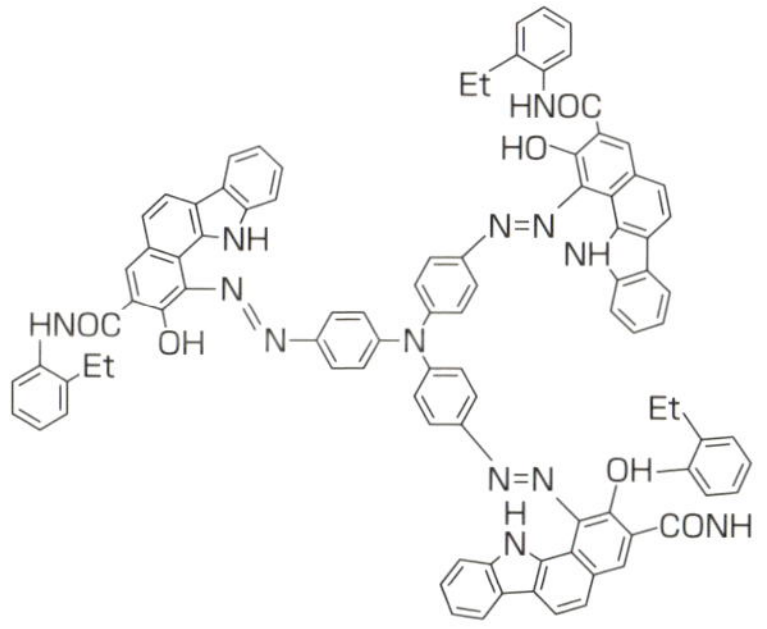

トリスアゾ顔料(1)

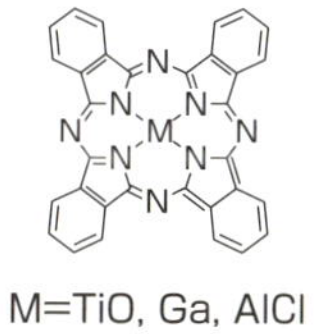

フタロシアニン顔料

オキシチタニルフタロシアニンの結晶構造と電子写真感度

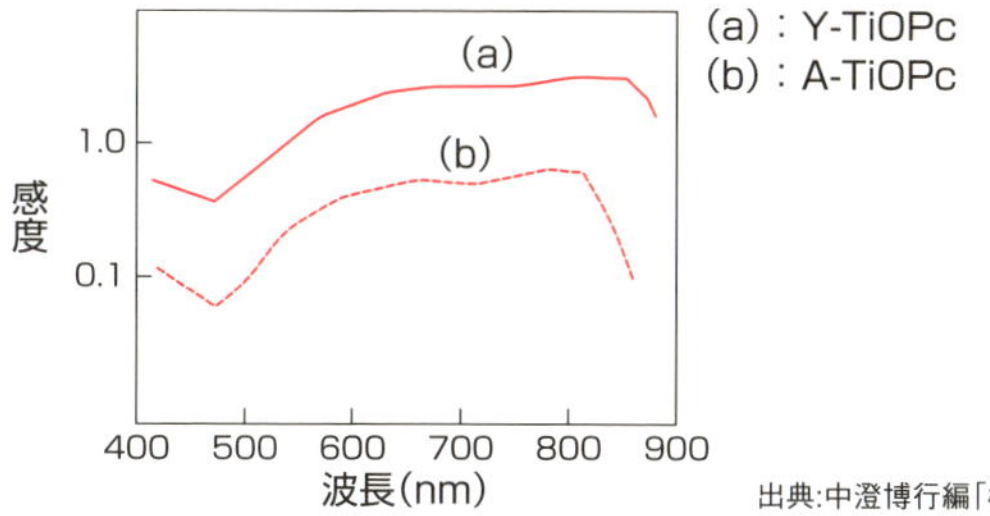

出典:中澄博行編「機能性色素の科学」化学同人、2013

用語解説

静電潜像:文字や画像が静電荷で形成されている目に見えない像。

55 電荷を中和する

コピー機に用いられるカラートナー用色素

　コピー機の感光体では、画像に対応した光照射（露光）により、発生した＋（プラス）電荷は電荷を移動させる層のなかを移動して表面に達し、感光体表面の電荷は中和されます。コピー機の感光体表面には露光した像に対応した電荷分布（静電潜像）が形成されます。この静電潜像を可視化するために、＋電荷に帯電した粉体（トナー）を付着させて（現像）、その後、普通紙へ転写、さらに加熱、圧着などによりトナー像を定着させて画像にします。

　トナーは、帯電した熱可塑性樹脂に顔料粒子や染料で着色したミクロンサイズの粒子です。複写後の紙が熱いのは、熱で柔らかくなる熱可塑性樹脂がバインダーとして含まれ、加熱して定着する必要性があるためです。有機色素は、黒印字では、カーボンブラックが用いられます。有機色素には染料と顔料があり、透明性、着色力は染料のほうが優れています。しかし光安定性に優れた顔料の場合、粒径が大きいと透明性や着色力に劣るので、微粒子化、均一分散性が必要となります。白地の紙の上では問題ありませんが、OHPフィルムを使用する場合、映し出される像がカラーで見えるためには、OHPフィルム上に透明な着色が必要となります。そこで、カラートナー用の顔料の粒子径は、最短の可視光波長（400nm）より短くする必要があります。

　カラートナー用有機色素として、「イエロー」はキノフタロン系、アゾ系、ジフェニルアミン系、アゾメチン系色素が知られています。「マゼンタ」はキサンテン系、イミダゾール系、ローダミン系、キナクリドン系、アンスラキノン系、モノアゾ系色素が知られています。「シアン」は銅フタロシアニンが主に用いられていますが、他の金属を含むフタロシアニン系顔料、トリフェニルメタンレーキ顔料、アニリンブルー、アンスラキノン系色素も知られています。

要点BOX

- ●コピーで使用するのは帯電した粉体の色素
- ●粉体の粒子径や定着のための熱可塑性樹脂の選択

有機感光体表面に形成される静電潜像とトナーによる可視化

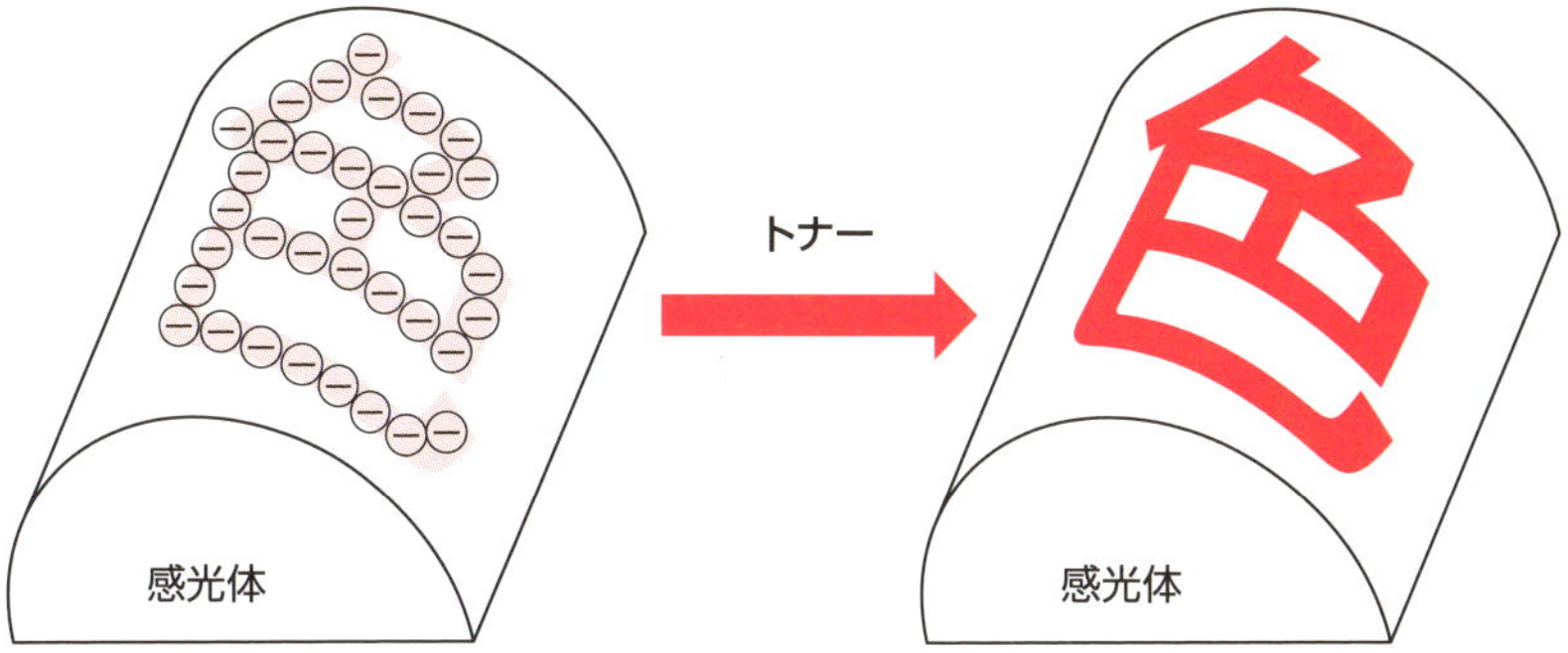

静電潜像　　　　トナーによる可視化

カラートナー用有機色素

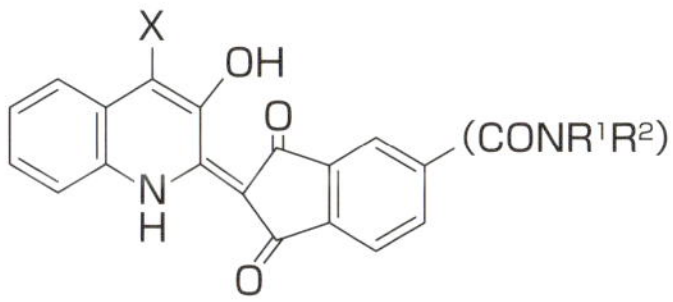

キノフタロン系

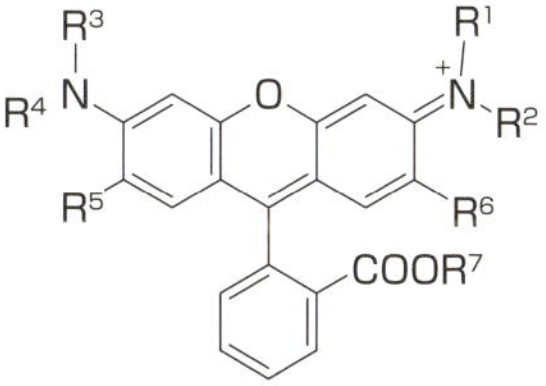

キサンテン系

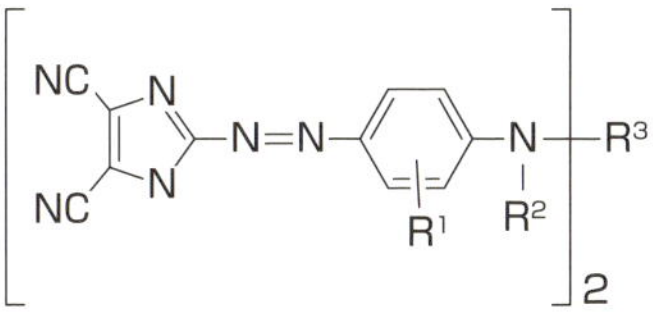

ジシアノイミダゾール系

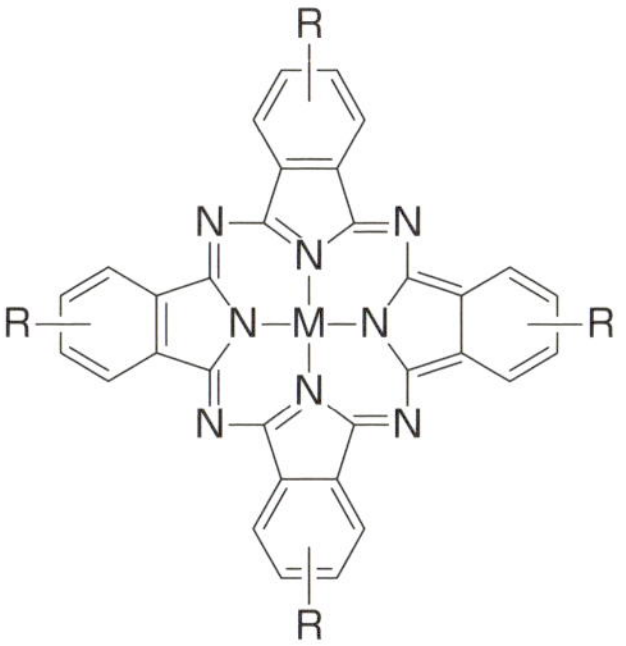

フタロシアニン系

56 熱で発色する

レシートや切符などに使われている色素

コンビニエンスストアのレシート、各種チケット、JR、私鉄、地下鉄で使用されている切符、定期券、バーコード用紙には、紙の上で熱発色する記録層が塗布されていて、印字ヘッドで加熱することで、化学反応が生じた部分が発色し、印字されます。これらの用紙には、カラーフォーマーと呼ばれる分子内にラクトン環を有する無色の化合物が用いられます。

このカラーフォーマーは、そのラクトン環部分が酸と化学反応して、発色します。また、発色した色素は、塩基によってラクトン環に閉環し、無色となります。

カラーフォーマーのなかで、フルオラン化合物が感熱記録紙へ応用されている理由は、室温で無色であり、発色すると黒色になり、短時間では変色しないためです。印字ヘッドの加熱で、一緒に塗布されているビスフェノールAやジフェニルスルホン系フェニル化合物などの固体酸（顕色剤）が溶融し、この酸によってカラーフォーマーのラクトン環部分で化学反応を起こし、発色します。この発色したカチオン色素が補色関係にあるx-バンド（592nm）とy-バンド（447nm）の2つの吸収帯を示すことで、黒色の記録画像が得られます。その他、青色発色、赤色発色、緑色発色カラーフォーマーなども開発されています。

固体酸として、長鎖アルキルホスホン酸を用いると、化学反応後の固体酸の分子集合状態が熱で変化し、加熱する温度で発色と消色を制御することができます。すなわち、いったん発色した長鎖型固体酸を適当な温度で再加熱するとカラーフォーマーがはじき出され簡単に無色となり、再び高い温度の加熱で発色させることができます。これを「リライタブル」といい、この機能を用いた用紙を「リライタブルペーパー」と呼びます。これは、すでに定期券などの表示部分に利用されています。

要点BOX

- カラーフォーマーと固体酸との紙の上での熱による化学反応
- 発色は平衡反応で、条件により変化する

フルオラン系カラーフォーマーの発色反応

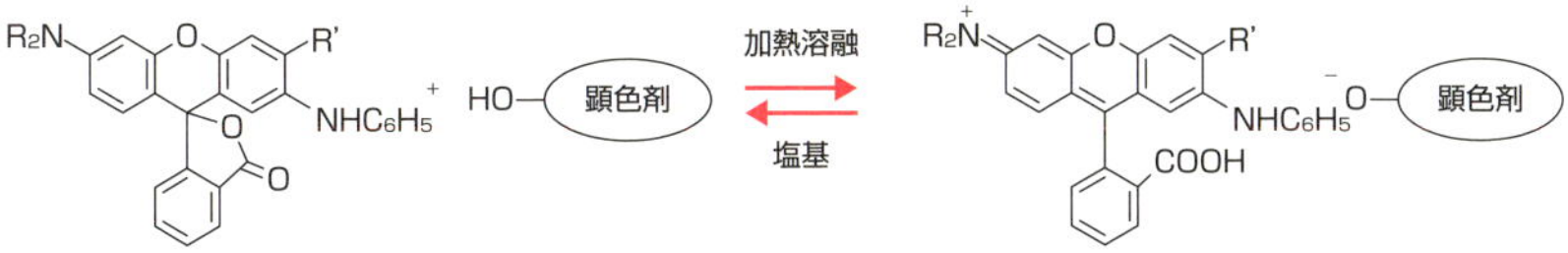

（無色）　（発色）

顕色剤

発色したフルオラン系カラーフォーマーの吸収スペクトル（酢酸中）

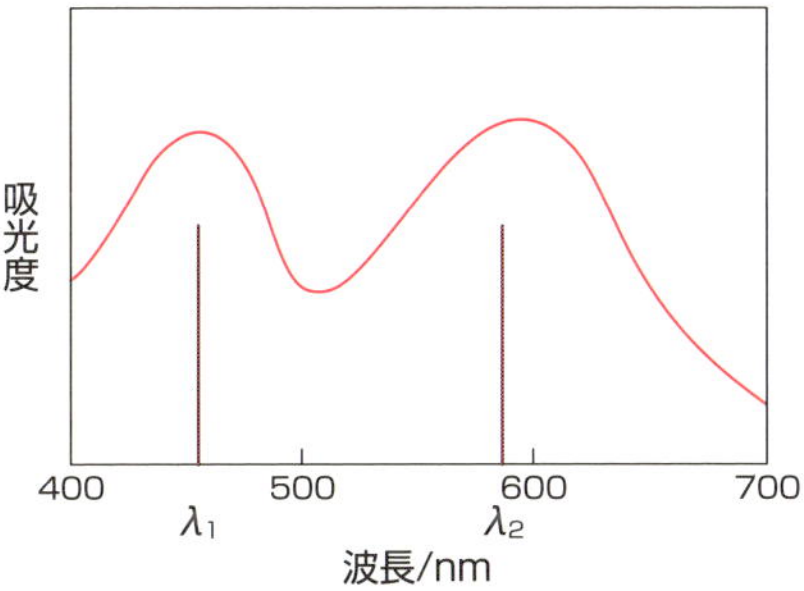

リライタブルペーパーの発色・消色機構

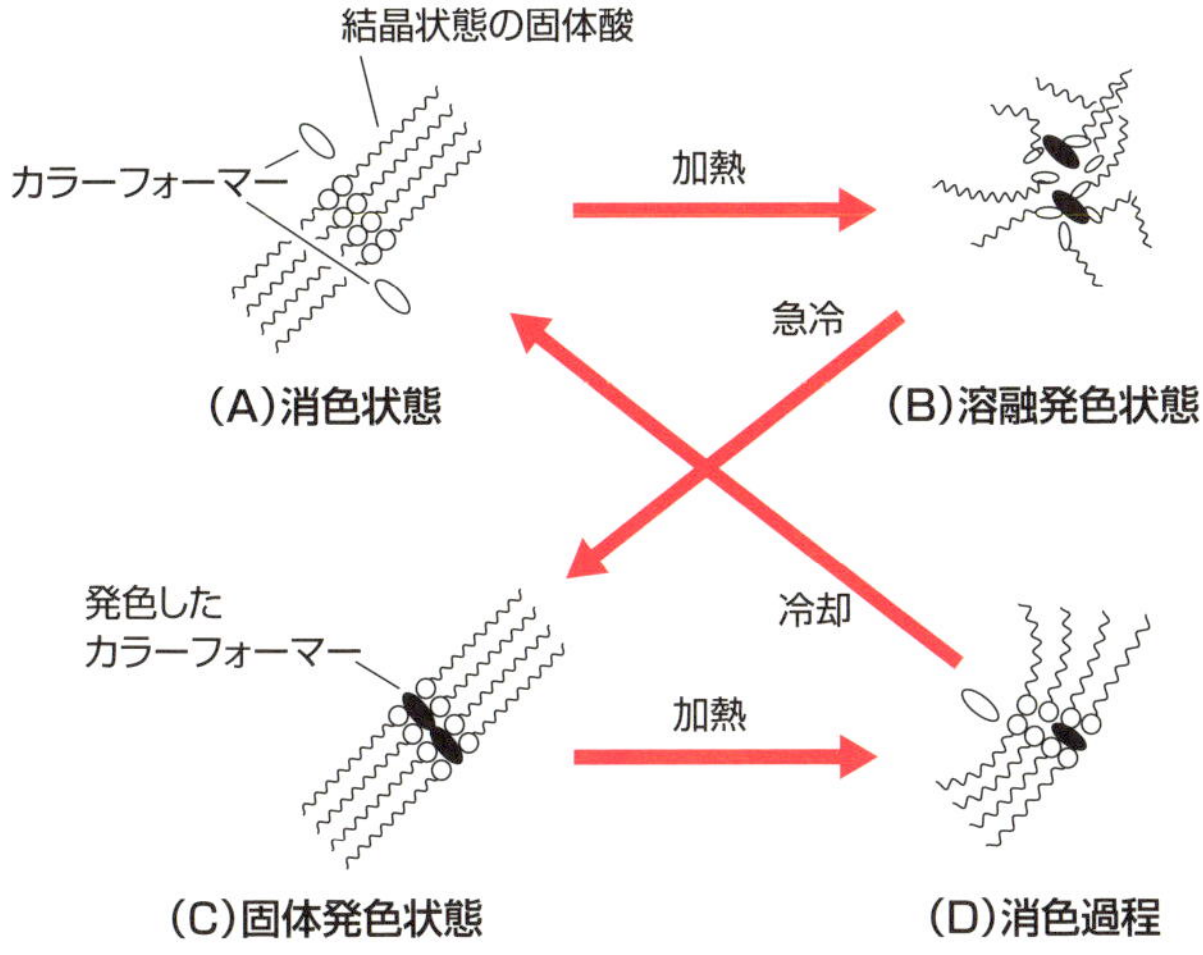

57 温度によって発色、消色する

消せるボールペンに使われている色素

消せるボールペンに使われているインキは、特殊なマイクロカプセルが色素の役割をはたし、摩擦熱によりマイクロカプセルに含まれる成分の組合せが変化して、ボールペンで書いた文字が透明になります。常温の状態で黒く発色しているインキが高い温度で無色になると、次に常温に戻ってもそのままの状態を維持し続けます。

このインキの原理は、感熱紙に使用されるカラーフォーマー、顕色剤、変色温度調整剤を1つのマイクロカプセルのなかに均一に混合し、封入して顔料化したものです。カラーフォーマーは、黒、赤などの色を決める成分ですが、単体では発色しません。しかしこれを顕色剤と反応させると、黒、赤などに発色します。感熱紙とは異なり、事前にマイクロカプセル内でカラーフォーマーと顕色剤が反応して発色しています。さらに、特殊な変色温度調整剤を加えることで、変色する温度を調整することができます。

摩擦熱により、マイクロカプセル内で顕色剤と変色温度調整剤が水素結合で集合体を形成し、カラーフォーマーのラクトン環が閉環し、消色します。この変化は、化学平衡の変化であることから、通常、はじめの温度で復色しますが、特殊な変色温度調整剤を選択することで、変色温度幅を広くすることができ、常温の状態なら、発色した色か無色のどちらかを記憶します。

市販されている消せるボールペンでは、こすると65℃以上の摩擦熱が発生してインキが消え、常温状態まで戻っても無色のままで、−10℃で消した文字が復活し、−20℃で完全に復色するよう設計されています。「消せるボールペン」の悪用が目立つことから、製造・販売するメーカーは、公文書、証書類や宛名書きには使用できないことを商品に明記し、正しく使用するよう呼びかけています。

要点BOX

- カラーフォーマー、顕色剤、変色温度調整剤の3成分の化学平衡の変化
- 特殊な変色温度調整剤により変色温度幅の拡大

消せるボールペンに使用されているインキ

発色　　　　消色

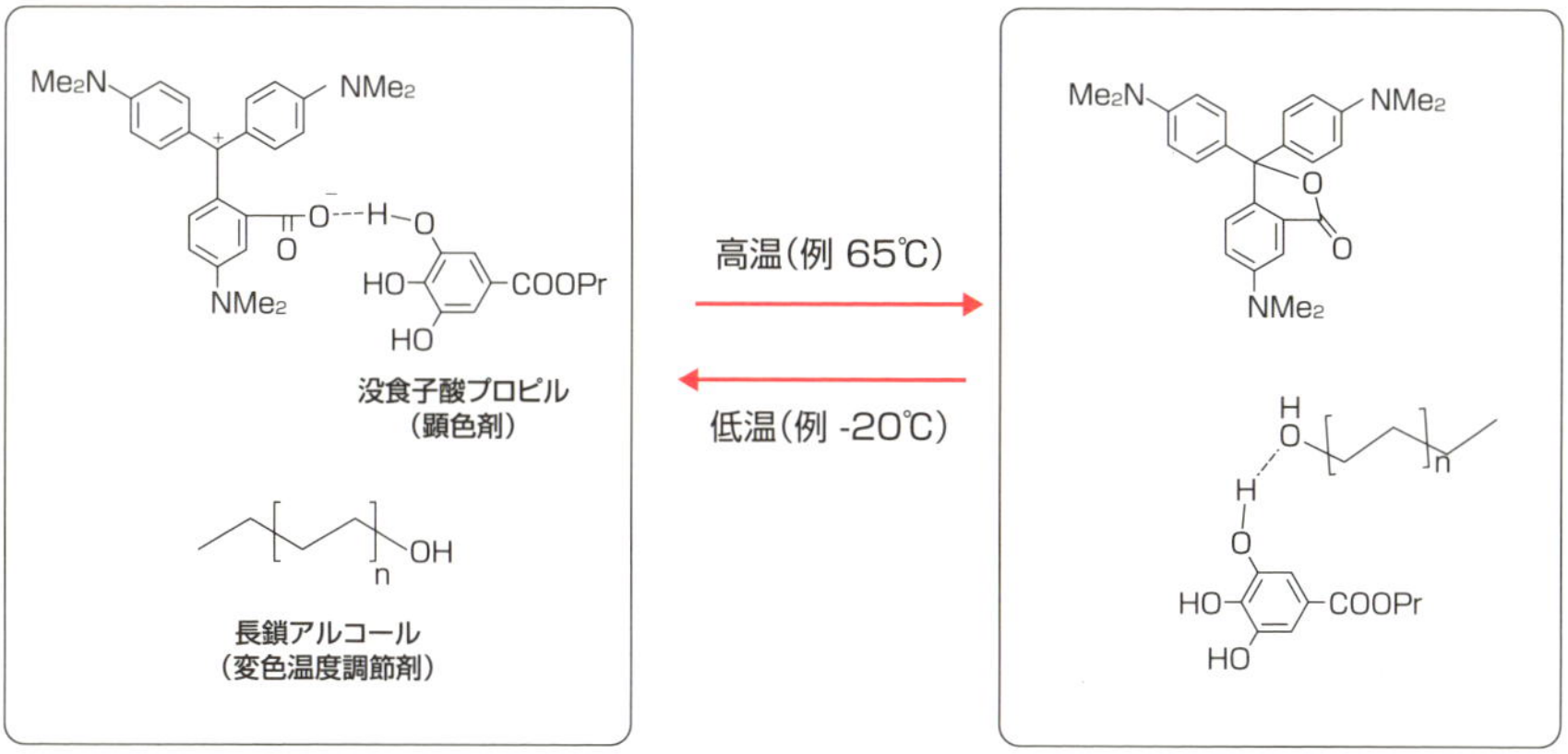

マイクロカプセル　　　　マイクロカプセル

常温で復色するインキの例

（加熱前）　　　　（加熱後）

58 熱で拡散する

熱転写フィルムに使う色素

　中学生や高校生の間で広く楽しまれているプリントシール機は、日本で発明され普及したものですが、この写真のシステムでは、廃液などは出ません。この写真の原理は、印字ヘッドと受像紙の間に熱転写リボンを重ねて通過させたとき、印字ヘッドの加熱により、熱転写リボンの色素層が変化（熱拡散または昇華）して受像紙上に色素層が転移します。そうすることで、着色画像を形成するものです。

　熱転写リボンは、ポリエステルフィルムの片面にバインダーを含む色素層を設け、裏面には印字ヘッドの焼き付けを防ぐために滑性耐熱層が設けられています。この記録方式の最大の特徴は、高解像度、高濃度、高階調な記録ができることです。この仕組みは、証明写真や医療診断用のプリンタ、デジタル写真の出力などの用途に用いられています。

　この記録方式に用いられる有機色素には、記録時には低熱エネルギーで色素が昇華または熱拡散し、印刷後は室温で保存安定性が高いという相反する性質が要求されます。そこで高解像度の観点から、吸収ピークが鋭く、モル吸光係数が大きいという特性をもった色素が適しています。転写記録の観点からは、はじめに転写捺染《なっせん》用色素を中心に易昇華性色素が検討されてきました。しかし、易昇華性色素は転写後の耐光性や保存安定性が不十分であったため、分散染料やカラー写真感光材料と類似骨格を有する熱転写用色素の開発も行われてきました。受像紙側での色素の安定化のために、反応染料を利用して受像紙中の樹脂と結合させたり、金属イオンと反応させてキレート化する例も提案されています。パスポート用照明写真には、長期の保存安定性のために、UVカットフィルムが貼られています。

　易昇華性色素としては、アントラキノン系色素、ナフトキノン系色素、ジシアノエチレン系色素、スチリル系色素、ピラゾロン系色素などが開発されました。

要点BOX

●昇華性または熱拡散性と保存安定性のバランス
●高解像度、高濃度、高階調な記録が可能

証明写真などで使用される写真は、熱転写記録で印刷

証明写真やプリント倶楽部で使用される写真は、熱転写記録で印刷

フルカラー熱転写記録の原理

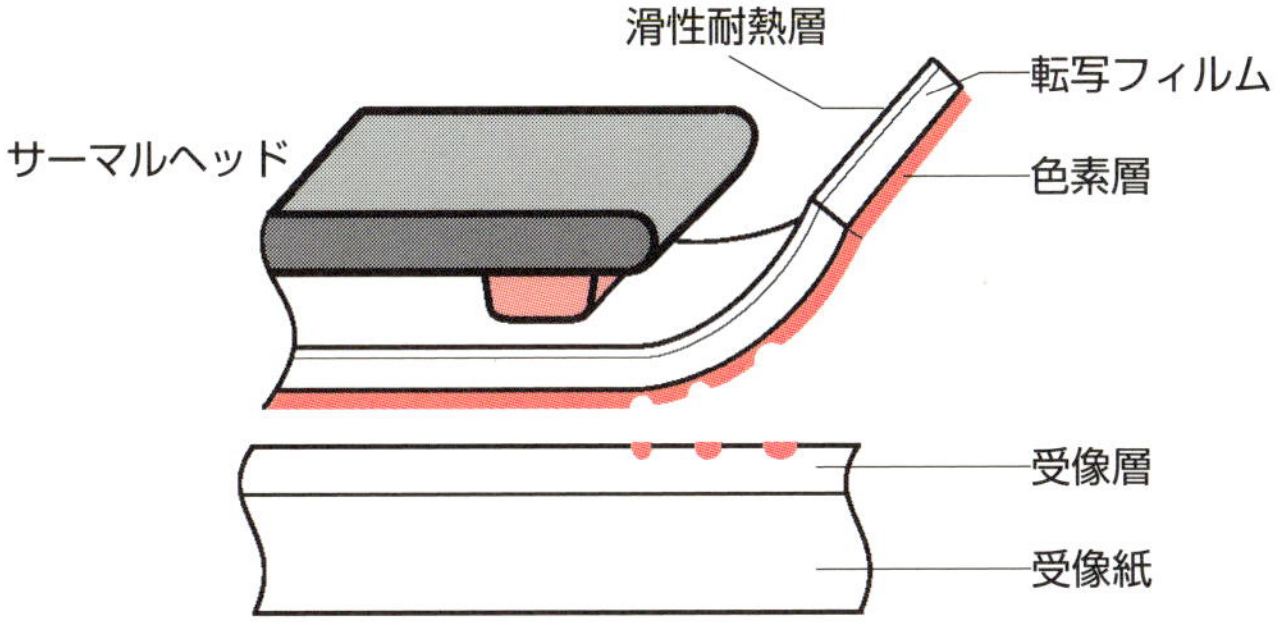

59 紫外線で光る

偽造防止のためのセキュリティ技術用色素

カラー印刷が様々なプリンタで容易にできるようになりました。そのため、社会的に重要な役割を担っている紙幣、有価証券、免許証、パスポート、入場券など、本来コピーや印刷が禁じられているものまで、誰にでもコピーや印刷ができるような状況にあります。

偽造防止技術としては、コピー機でコピーしても印字できないデザインや印刷技術の導入、特殊な素材の使用や特殊インキの使用などがあります。偽造や変造した紙幣を一般に流通させなくするためには、真券と偽造券の判別をいかに容易に判断できるかということに集約されます。この目的に最適な技術が、特殊インキの使用です。

特殊インキとしては、蛍光インキ、パールインキ、磁性インキ、近赤外吸収インキ、メタメリックインキ、フォトクロミックインキ、サーモクロミックインキなどが知られています。このなかで、蛍光インキは紫外光ランプで銀行窓口や会計窓口で簡単にチェックできる利点があり、古くから使用されています。ブラックライトを紙幣にあてると光って見える部分があり、ところどころに蛍光色素を印刷に使用して偽造紙幣かどうかすぐに判定できるようになっています。使用されている色素は、太陽光や蛍光灯の光では、他の印刷した色と区別できないため、紫外光を照射したときに強く光ることが必要となります。パールインキは、雲母の表面に酸化チタンを薄膜コーティングしたもので、酸化チタンの膜厚を変えることで、真珠のような輝きをもつ様々な色の干渉色をつくることができます。この干渉色は、カラーコピー機では再現できないため偽造防止の効果があり、紙幣などの特殊インキに使用されています。メタメリックインキでは、ある照明のもとでは同じ色に見える2種類のインキで印刷したものを、視感度の低い領域を効率的に見える特殊フィルターを用いて、2種類のインキの違いを見分けて、真偽判定を行うものです。

要点BOX

- 太陽光や蛍光灯の光では、他の印刷した色と識別不能
- ある照明のもとでのみ真偽判定が可能

偽造防止用に使用されている蛍光色素の例

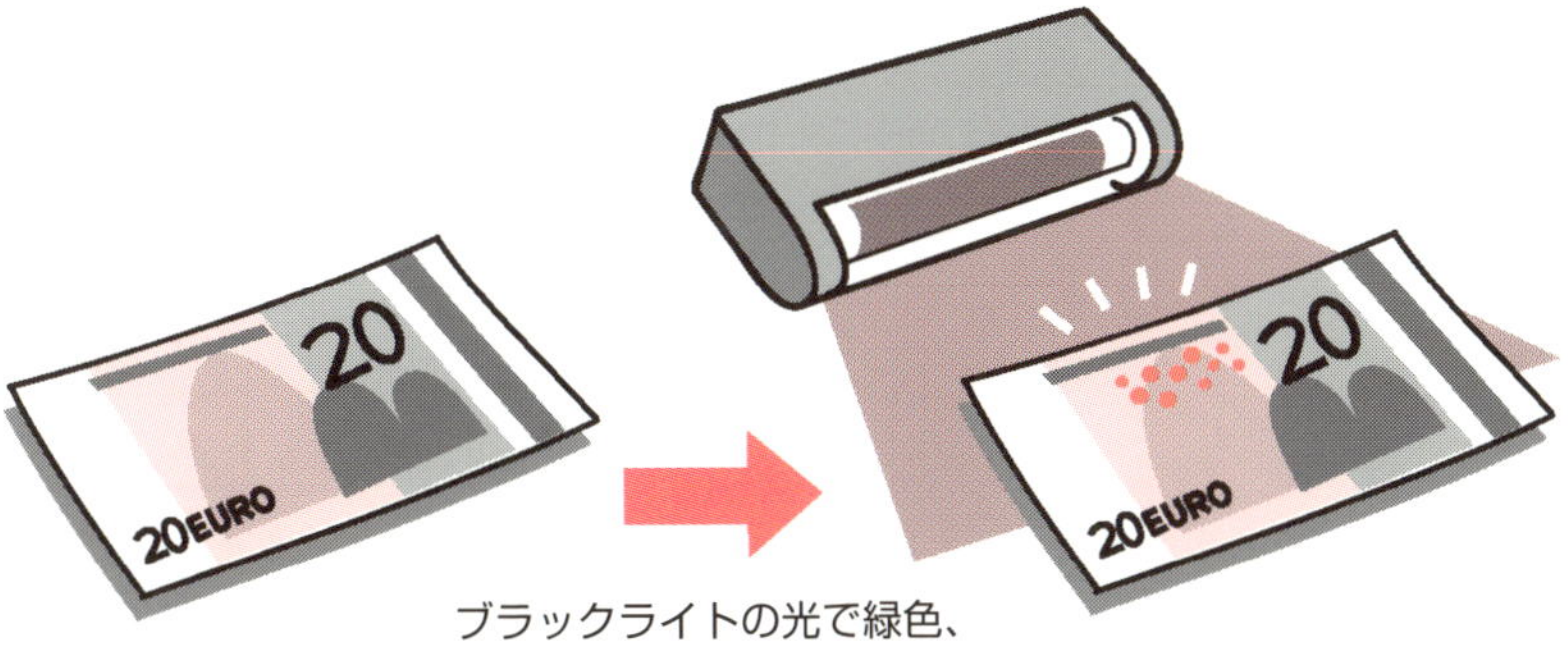

ブラックライトの光で緑色、
青色およびオレンジ色に光って見える

投函した郵便物は、スタンプ以外に、特殊インキでいろいろな情報を印刷

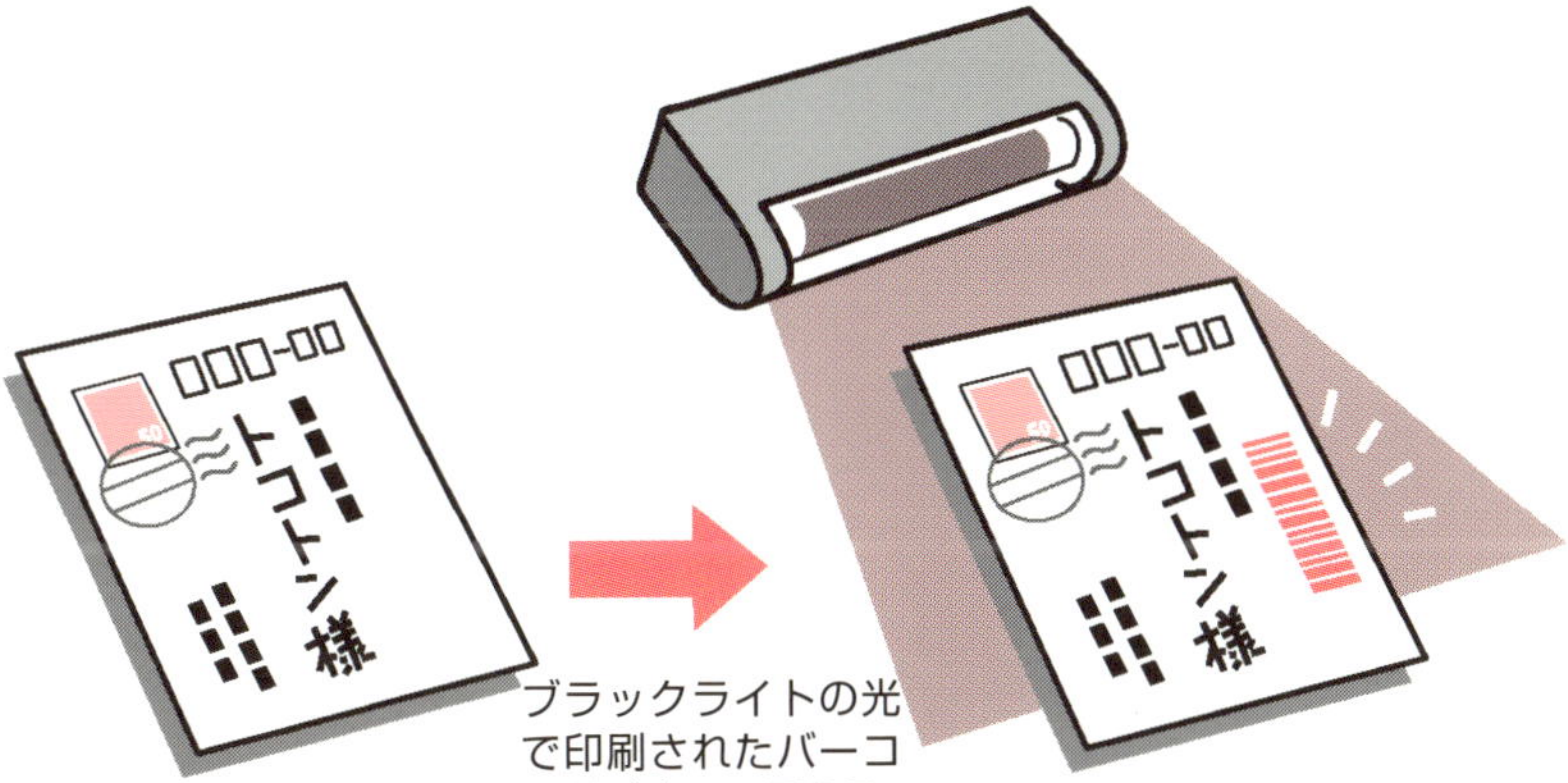

ブラックライトの光で印刷されたバーコードが光って見える

パスポートには、顔写真が空白部分にも特殊インキで印刷

ブラックライトの光でもう1枚の顔写真が光って見える

60 電気を流すと発光する

有機ＥＬに使われる発光する色素

蛍光やりん光を示す色素は、一般には、光で励起されます。その励起状態から基底状態に戻るときに励起光よりも長波長の光を発生します。化学的には、励起一重項からの発光を蛍光と呼び、三重項からの発光をりん光と呼び区別しています。このような色素を光ではなく、陰極および陽極に電圧をかけて、電気エネルギーで発光させるデバイスが有機ＥＬ素子です。すなわち、有機ＥＬ素子の基本構造は、陽極側に積層された正孔注入層や正孔輸送層と陰極側に積層された電子輸送層で有機発光層を挟み込むという積層構造になっています。これに電圧をかけて外部の電子と正孔を注入し、有機発光層で電荷を再結合させると、色素分子の励起状態が発生し、発光します。これを繰り返すことで発光を持続させます。用いられる色素は蛍光色素や有機金属錯体などのりん光材料が知られています。現在、実用化されている有機ＥＬは、真空蒸着法により薄膜形成させるため、蒸着可能な物質が用いられ、多くの多環芳香族系蛍光色素が利用されています。オキサジアゾール系蛍光色素、イミダゾール系蛍光色素、8-キノリノール系アルミニウム錯体、ペリレン系蛍光色素、キナクリドン誘導体が知られています。また、りん光材料としては、強い重原子効果によって室温でもりん光を示すイリジウム(Ⅲ)、白金(Ⅱ)、ルテニウム(Ⅱ)およびオスミニウム(Ⅱ)錯体などの有機金属錯体が知られています。電界励起の場合には、励起一重項と励起三重項の生成割合は、スピンの状態の組合せで１：３となります。蛍光色素では、励起子の生成効率は25％ですが、りん光色素では75％、項間交差も考慮すると最大１００％の発光効率を得られる可能性があります。有機ＥＬ素子は、三原色や補色関係にある二色を発光させることができることから白色光源として利用することも可能であり、新しい白色光源としても期待されています。

要点BOX

- 電界励起させて常温で発光する蛍光色素やりん光色素
- 電界励起による励起一重項と励起三重項の生成割合

有機色素の発光メカニズム

IC　：内部変換（無放射過程）　S ：一重項励起状態
ISC：系間交差（無放射過程）　T ：三重項励起状態

固体膜中での電界励起による発光

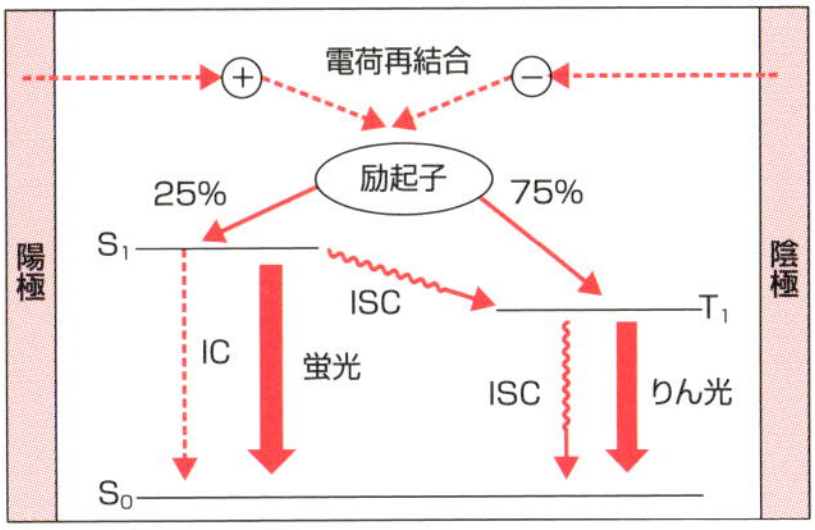

代表的な蛍光色素(a)とりん光色素(b)

(a)

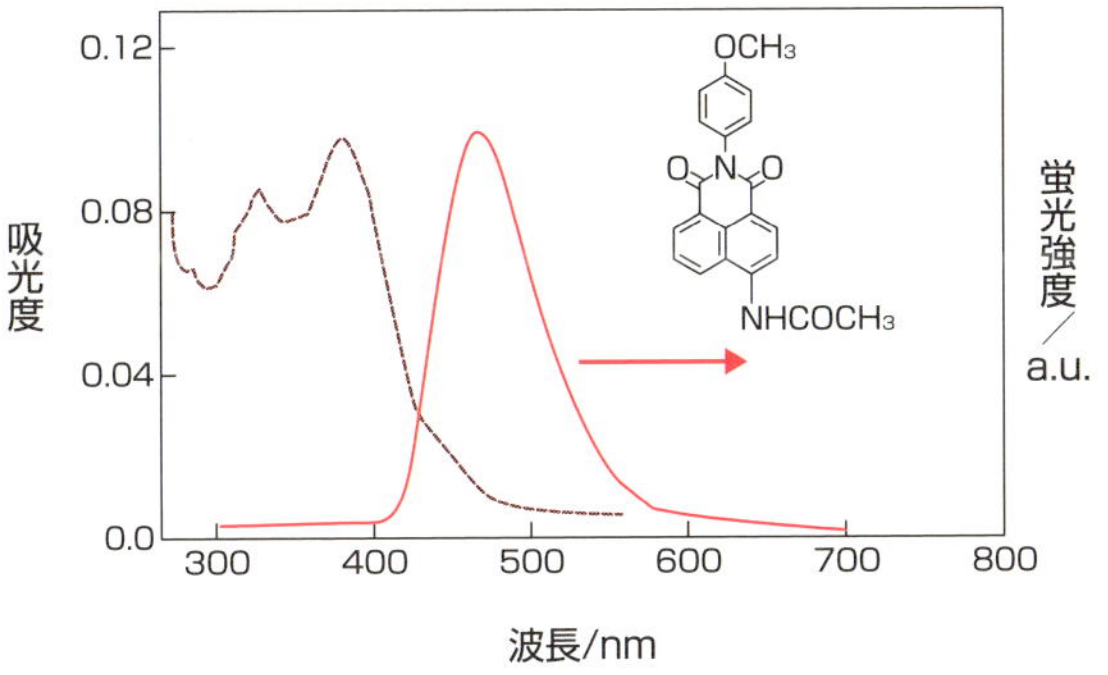

(b)

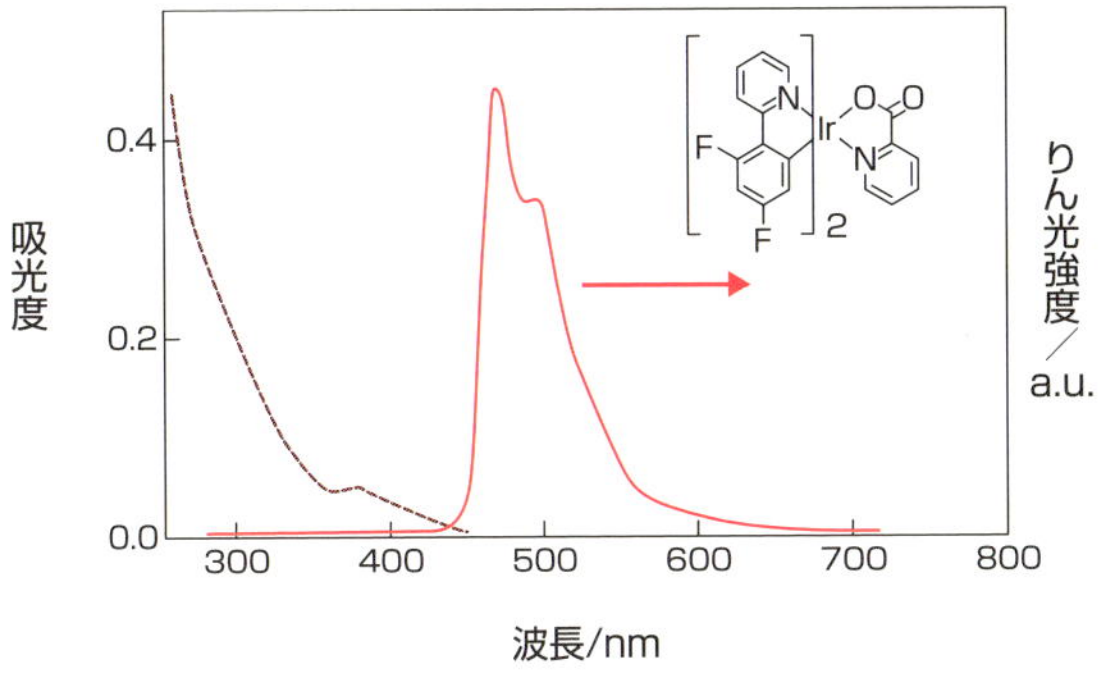

61 光で発色する

光の作用により化学構造が変化して、無色であったものが発色し、熱または別の光の作用で無色に戻る可逆的な変化を示す色素を「フォトクロミック色素」と呼びます。さらに、着色しているものが可逆的に色変化するものも含めて、広くフォトクロミック色素と呼ばれています。

太陽の光のもとで発色する現象は、光としては紫外光の作用で発色したことになります。紫外光がないと、すぐに熱的に安定な構造に戻ります。また、発色した状態に可視光を照射しても、元の無色の構造に変化します。このような無色から紫外光で着色するフォトクロミック色素としては、スピロオキサジン、スピロピラン、ナフトピラン、フルギド、ジアリールエテンなどが知られています。

可視光照射で色変化が可逆的に起こる色素としては、一部のアゾ系色素、インジゴ系色素、ホルマザン系色素、植物中のフィトクロム、網膜にあるレチナールなどがあります。これらは、いずれも色素の構造の一部が可視光の光照射で、トランス体からシス体に構造変化して色変化するフォトクロミック色素です。フォトクロミック色素のうち、ナフトピラン系色素はサングラス、ゴーグルなどの調光材料として広く利用されています。

フォトクロミック色素の大部分は、紫外線の照射をやめると、すぐに無色の状態に変化しますが、ジアリールエテンという色素は、着色状態の安定性が極めて高く、紫外光と可視光をそれぞれ照射することで、無色状態と着色状態の間の反応を何度も繰り返すことができます。ジアリールエテンのうち、結晶化するもので反応する炭素間距離が4Å（オングストローム）以内であれば、単結晶状態でも光照射で発消色を繰り返します。現在、このような構造が大きく変化することを利用した、様々な機能分子素子の研究が進められています。

要点BOX

- 光で無色から発色し、熱または別の光の作用で無色に戻る可逆的な変化
- 特殊な単結晶状態では光照射で発消色を繰り返す

フォトクロミック色素の光による発色および液晶の相変化の制御

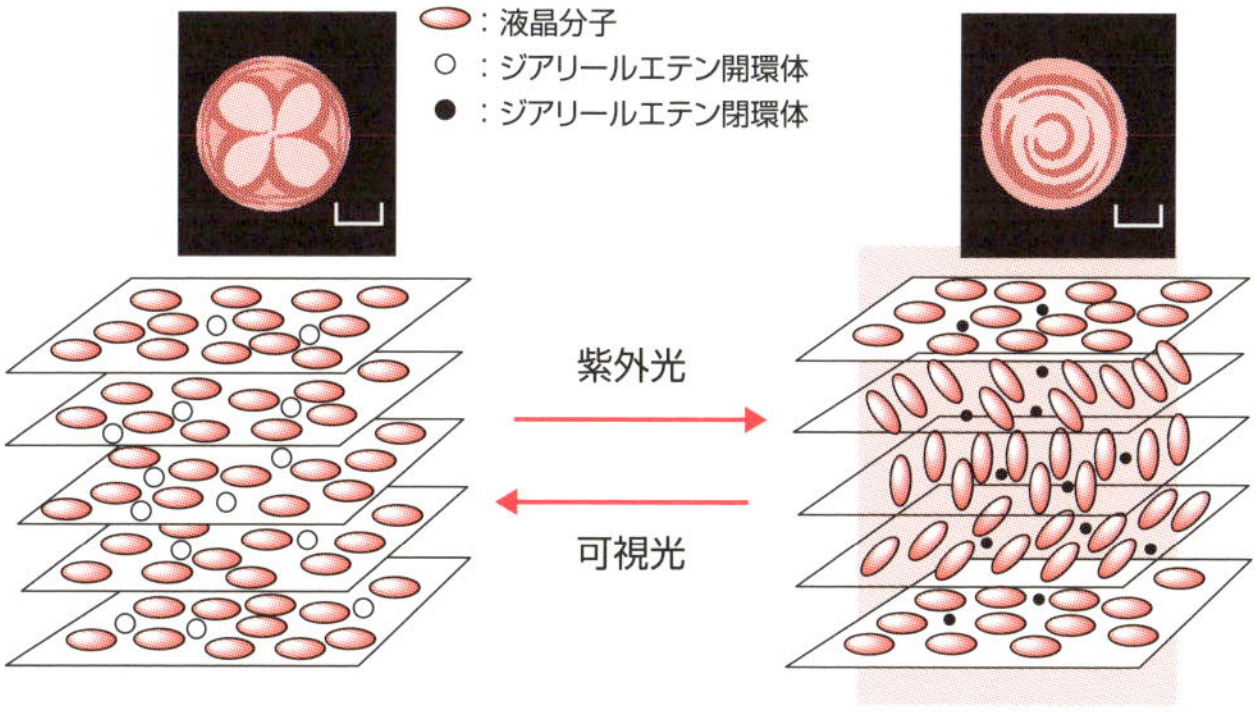

ネマティック相
（無色）

カイラルネマティック相
（発色）

出典:T. Yamaguchi et al., Chem. Mater., 12, 869（2000）

代表的なフォトクロミック色素

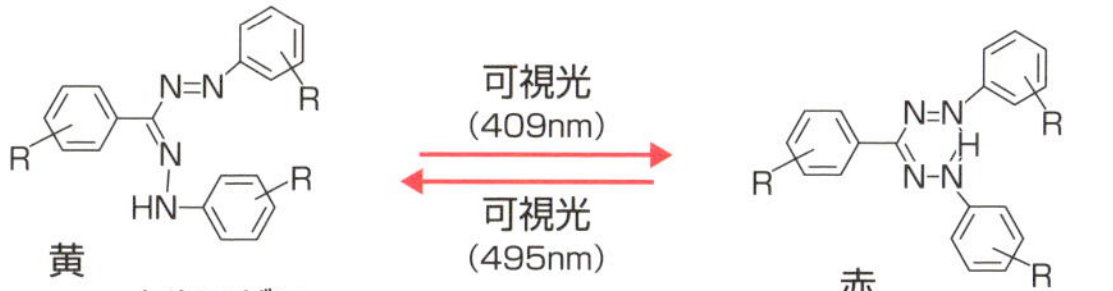

ホルマザン

無色型　　**着色型**

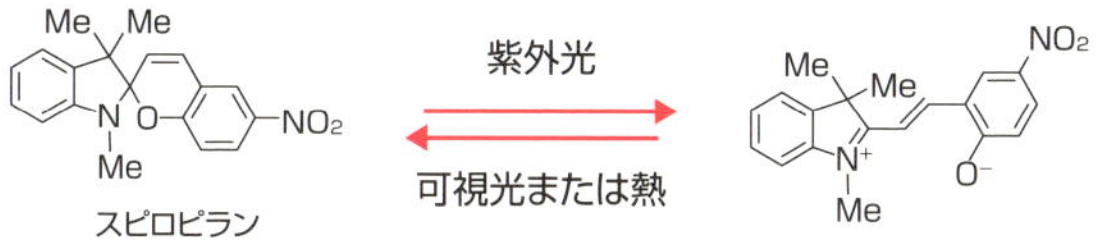

スピロピラン

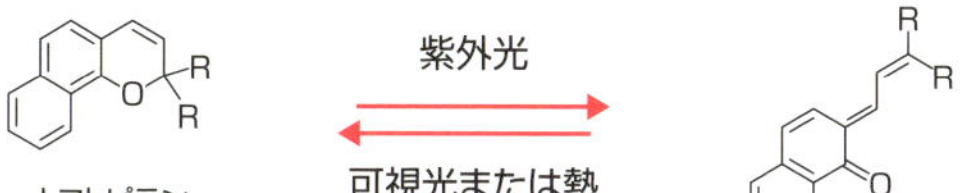

ナフトピラン

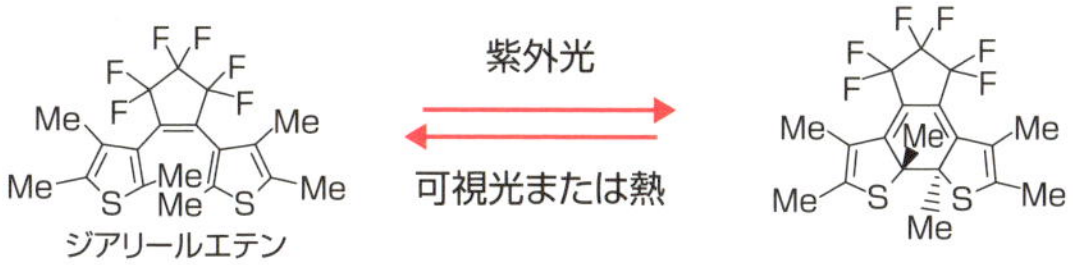

ジアリールエテン

用語解説

Å：オングストロームと呼び、原子や分子の長さの単位。1Åは0.1ナノメートル（nm）。

62 溶媒の極性をはかる

溶媒で色が変わる色素

溶液に溶ける色素には、使用する溶媒によって、溶液の色が変化するものがあります。この現象を「ソルバトクロミズム」といいます。この現象は、色素と溶媒との間に働く相互作用が、色素の基底状態と励起状態とで異なることに原因があります。

中性分子では、基底状態よりも励起状態で分子の極性が大きくなり、励起状態が極性溶媒により大きく安定化され、非極性溶媒中に比べ、励起状態と基底状態とのエネルギーギャップは小さくなります。その結果、吸収波長は長波長へシフトします。

溶媒の極性の増加にともない、吸収波長が長波長へ移動することを、「赤色移動」または「深色効果」とよび、正のソルバトクロミズムといわれています。逆に短波長側に移動することを、「青色移動」または「浅色効果」と呼び、負のソルバトクロミズムといいます。多くの有機色素は、励起状態が基底状態よりも分子の極性が大きく、極性溶媒により励起状態が安定化されます。その結果、溶媒の極性の増加とともに色素の吸収波長は、カチオン性色素であっても長波長側に移動します。

また、両性イオン型のReichardt色素（1）では、励起状態の分子の極性が小さく、溶媒和によって基底状態がより安定化されるために、負のソルバトクロミズムを示します。例えば、色素（1）は、水溶液中で黄色、アセトン中で青色になります。このように溶媒効果で著しく吸収波長が変化する色素は、溶媒の極性や水素結合の尺度の指示薬として利用されます。溶媒の極性を表す溶媒極性パラメータとして知られています。

この他に、溶媒分子の配位による錯体の構造変化に由来して溶液の色が変化するニッケル錯体も知られています。

要点BOX
●色素の構造と溶媒の極性で色変化を決める
●溶媒の極性を表す両性イオン型色素

各種有機溶媒の溶媒極性パラメーターDimroth-Reichardtの $E_T(30)$ 値とReichardt色素（1）の吸収極大波長

溶媒	$E_T(30)^a$/kcal mol^{-1}	λ_{max} / nm
ジフェニルエーテル	35.5	805
クロロホルム	39.1	731
ジクロロメタン	40.7	702
アセトン	42.2	677
N,N-ジメチルホルムアミド	43.8	652
ジメチルスルホキシド	45.1	633
アセトニトリル	45.6	627
プロパノール	50.7	564
エタノール	51.9	551
メタノール	55.4	516
水	63.1	453

a: $E_T(30)=28590/\lambda_{max}$ (nm)

色素分子の遷移エネルギーにおよぼす溶媒効果

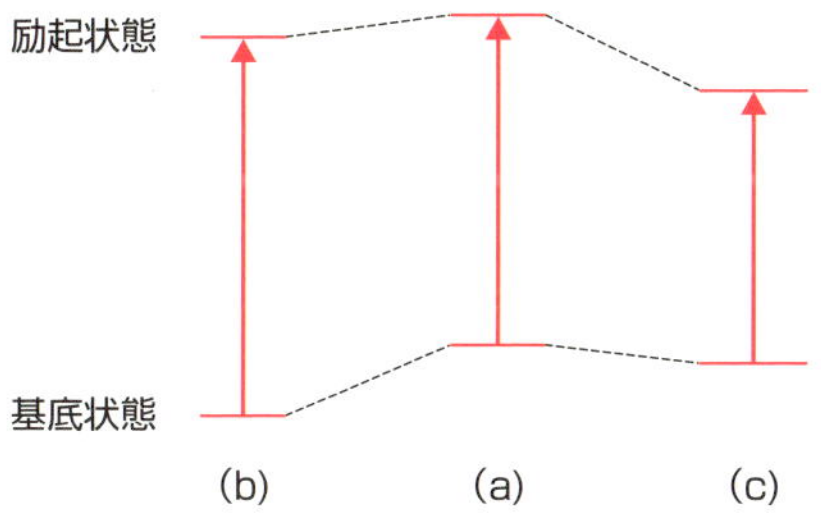

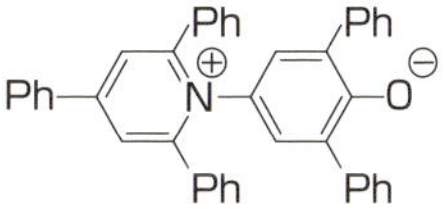

（1）

(a)非極性溶媒中
(b)基底状態が励起状態よりも極性が大きい場合
(c)励起状態が基底状態よりも極性が大きい場合

溶媒の極性で変わる色素（1）

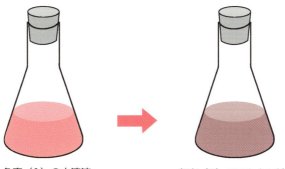

色素（1）の水溶液　　色素（1）のアセトン溶液

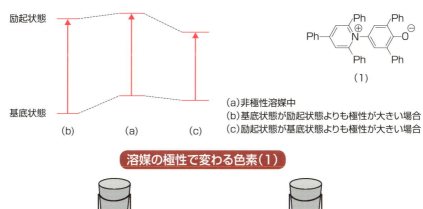

63 会合や凝集

会合や凝集状態で色が変わる色素

色素分子2個以上が弱い分子間力によって集合し、1つの単位とみなせる状態を会合体と呼び、その分子の数よって、二量体、三量体と呼びます。このなかで色素の二量体の光吸収は、2通りの配列にもとづく相互作用で起こります。二量体の励起状態は、光励起で生成する励起子が配列した分子間での相互作用から生じます。その結果、励起状態のエネルギー準位が分裂します。単分子の色素の遷移モーメントの方向を矢印で示すと、矢印が逆方向に向く配列では、遷移モーメントが打ち消されるために禁制となり、同一方向に向いている配列の相互作用のみが許容となります。したがって、色素がカードを上積みしたような系では、単分子の色素が示す吸収波長よりも短波長側に、上積みによる会合体の吸収帯が現れます。この会合体をH－会合体（Hypsochromic のH）、吸収帯をH－バンドと呼びます。一方、横並びの配列では、単分子の色素が示す吸収波長よりも長波長側に、配列による会合体の吸収帯が現れます。この会合体は発見者のJellyの名を取ってJ－会合体と呼ばれています。また、この吸収帯をJ－バンドと呼びます。色素の中心を結ぶ直線と遷移モーメントのなす角が、0～90度の間の角度で変化すれば、この角度に応じて吸収帯のシフト量が変化し、H－またはJ－会合体に由来する分裂したピークが現れることになります。代表的な会合性色素として、シアニン色素が知られています。

例えば、2、2'－キノリノシアニン色素は、低濃度では単分子の色素の吸収主波長が525㎚に現れるのに対して、高濃度では490㎚にH－バンドが出現し、さらに570㎚に半値幅の狭いJ－バンドも出現し、色も変化します。このように、色素の会合体形成は、色素の濃度、溶媒の種類、温度にも強く影響されます。会合体の形成は、溶液中だけでなく固体膜中でも認められます。

要点BOX

- 色素の会合の仕方で色変化
- 固体膜中では色素がどのような集合体を形成するか重要

H-会合体

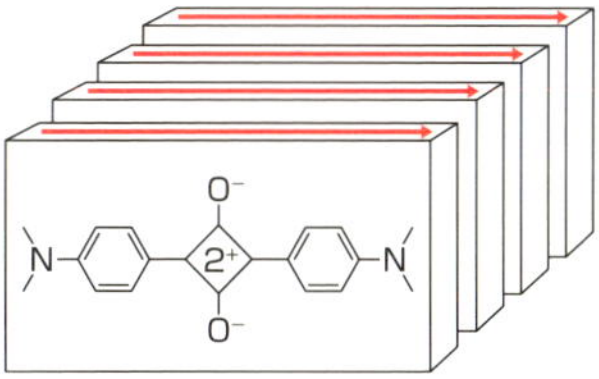

J-会合体

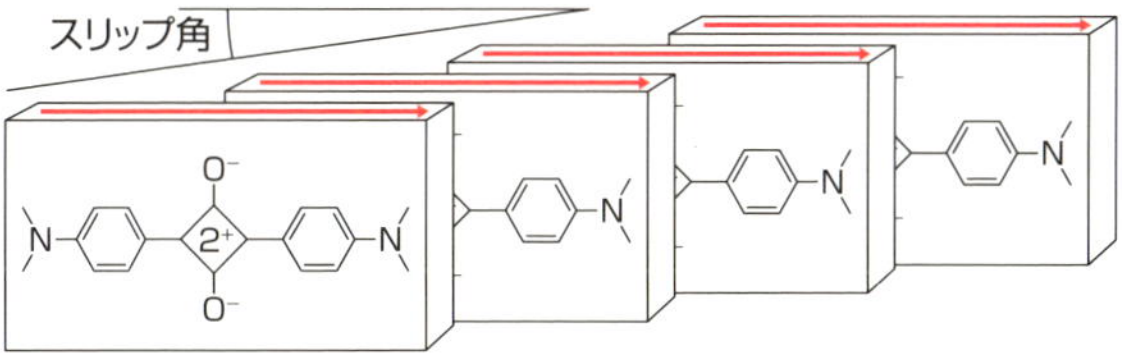

会合体のモデル図と励起子分裂モデル

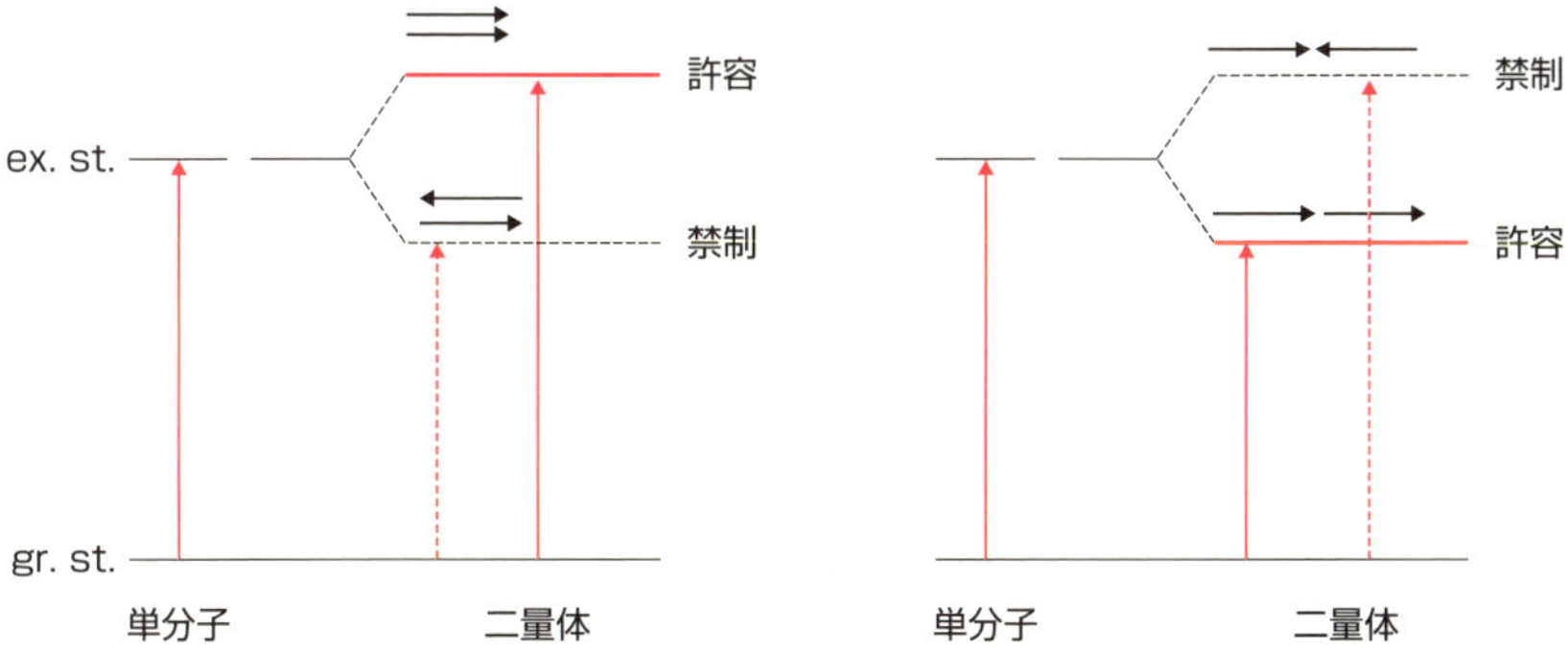

H-会合体
(hypsochromic shift)

J-会合体
(bathochromic shift)

64 紙に印字する

インクジェットプリンタに使われているいろいろな色素

インクジェットによる記録の原理は、はじめに微小なインク滴を発生させ、次に記録する紙の上までインク滴を飛ばして着弾・印字させ、付着後のインク滴は、溶媒が蒸発または紙のなかに浸透して、着色した小さな点（ドット）として定着します。

インクの基本原色は、ブラック、シアン、マゼンタ、イエローの４色ですが、写真画質の高品位画質を目的として、階調表現を充実するために、低濃度のシアン、低濃度のマゼンタの2色を加えた6色、さらに、低濃度のブラックまたはダークイエローを加えた7色セットとなっています。さらに、中間色や階調色を充実させているもの、また、ファインアート系用途には、高濃度ブラックを加えたインクセットも、市販されています。

水系色素としては、主として染料が用いられてきましたが、「色が変わりやすい」、「印刷後にわずかな水でにじむ」などの欠点がありました。そのため、様々な染料の構造改良が行われ、インクのカートリッジ中では、染料が水によく溶解し、紙の上では染料が化学変化して不溶化するものもあります。

有機顔料は、定着後の耐水性、耐光性に優れることから、水に溶けない顔料を50～200㎚の微粒子で水溶液に分散したものが、すでに実用化されています。使用される顔料は、アゾ系顔料、キナクリドン系顔料、フタロシアニン系顔料、カーボンブラック系顔料です。

顔料は粒子で構成されていることから、染料型インクジェットインクと異なり印字後の表面に凹凸が発生し、乱反射して鮮明色に欠ける印刷物となります。このため、印字後に顔料表面がなめらかになるように、樹脂コーティングされるインクや、インク中に光感応性のオリゴマーを配合させ、印字後すぐに紫外光で硬化させ製膜させるインクなどが開発されています。

要点BOX

- ●紙のなかに浸透して、できた着色した小さなドット
- ●染料型インクと顔料型インクの違いは印字後の表面の凹凸の有無

インクジェット顔料による印刷表面の状態

(a)樹脂で表面が滑らかな場合　　(b)顔料により表面に凹凸がある場合

代表的なインクジェット顔料の化学構造

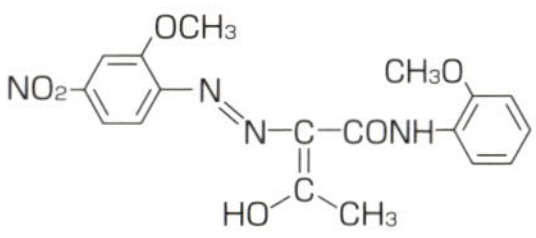

黄色の顔料
（C.I. Pigment Yellow 74）

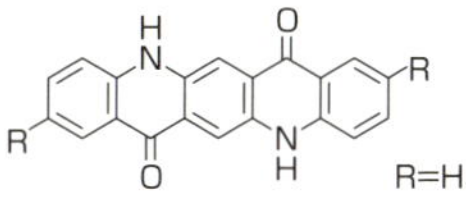

赤色の顔料
（C.I. Pigment Violet 19
または122）

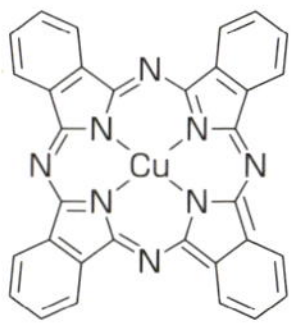

青色の顔料
（C.I. Pigment Blue 15:3
または15:4）

インクジェットプリンタ用ヘッド

(a)

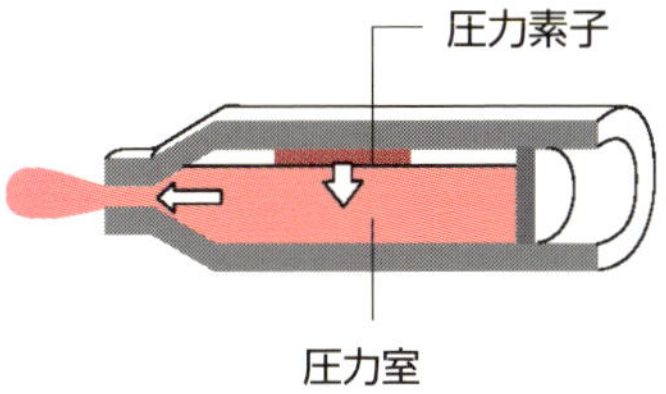

(b)

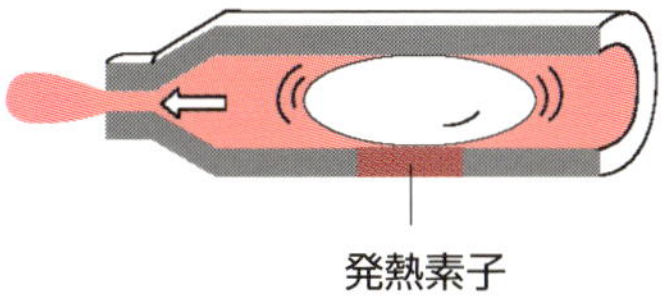

(a) ピエゾ方式　　(b) サーマル（バブルジェット）方式

65 樹脂を選択的に着色する

液晶テレビのカラーフィルターに使われる色素

　液晶テレビのカラー表示は、主に薄膜トランジスターとカラーフィルターを組み合わせた方式で行われています。この方式は、各画素ごとに光シャッターとしての液晶セルとカラーフィルターがセットされたもので、背面にあるバックライトから出る光を各画素電極をオン、オフさせることで、カラー画像を表示するものです。この方式のカラー化の必要部材がカラーフィルターになります。カラーフィルターは、ガラス基板にあらかじめ顔料を50～１００㎚の粒子径で均一に分散させて着色した感光性樹脂を塗布し、フォトマスクを用いて紫外光露光し、さらに現像して、着色パターンを作ります。

　この顔料分散法で使用される顔料は、耐光性、分散性、分光透過特性などの観点から、ジスアゾ系顔料、アントラキノン系顔料、ジオキサジン系顔料、銅フタロシアニン、亜鉛臭素化フタロシアニンが、それぞれ黄、赤、紫、青、緑色の顔料として用いられています。

　また、カラーフィルターは、青、緑、赤色の光を透過させることでカラー表示します。そこで、例えば、赤(R)のフィルターでは、４００～６００㎚の光を吸収させるために黄色と赤色の顔料を用いて作製し、バックライトの白色光のなかの赤色の光のみを透過させています。顔料の微粒子化、均一分散性の向上により、染色法と同程度の透過性が得られるようになりました。

　染色法では、赤のフィルターには、アゾ系染料、青のフィルターにはトリフェニルメタン系染料やアンスラキノン系染料、緑のフィルターには、トリフェニルメタン系やアンスラキノン系の青色染料とアゾ系の黄色染料を混合して用いられてきました。最近では低消費電力のバックライトを用いるLEDに替わり、これまで以上に透過率の高いフィルター特性が求められています。そのため、顔料分散法でも使用する色素としては、顔料のみならず染料も使用されるようになりました。

要点BOX

- ●カラーフィルターは均一に分散した感光性樹脂を塗布
- ●白色光から選択的に、青、緑、赤色の光を透過させる顔料の組合せ

カラーフィルターの構造とRGB画素のストライプ配列

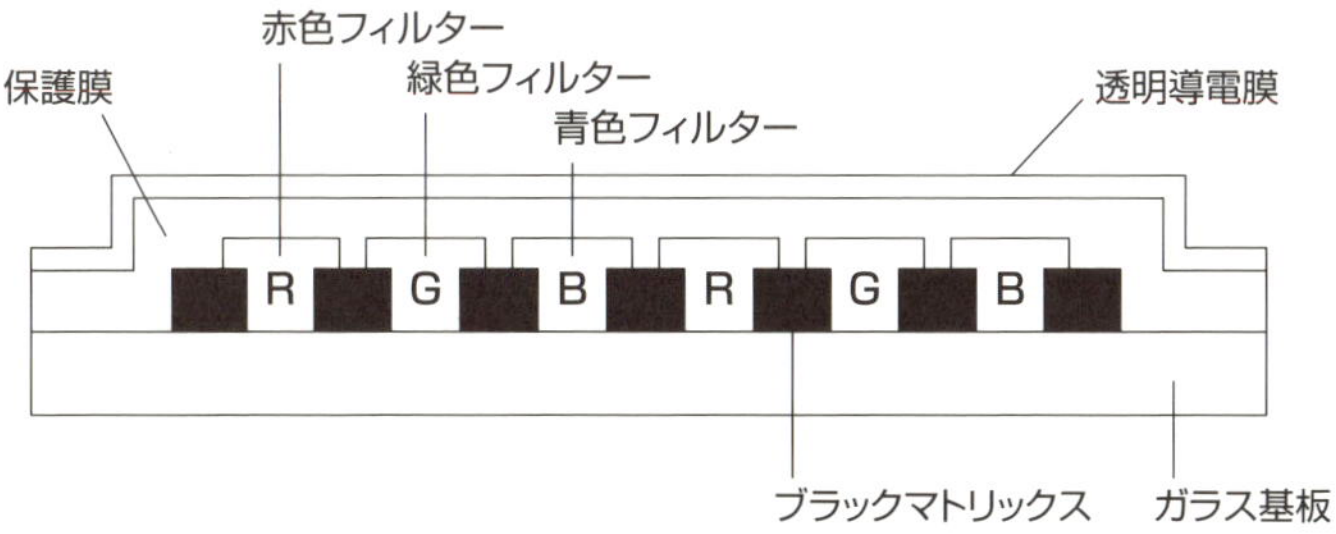

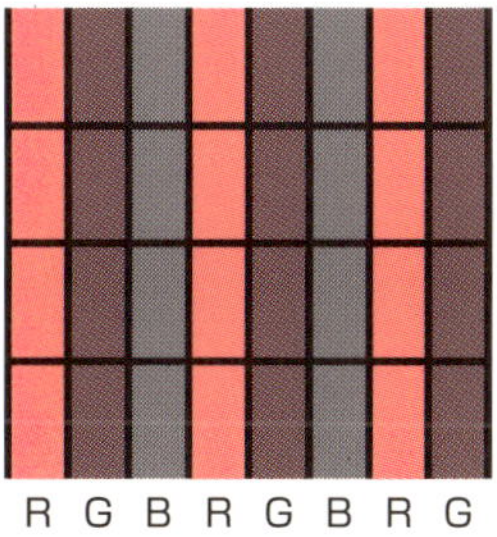

複数の顔料を用いた赤色系のカラーフィルターの分光特性

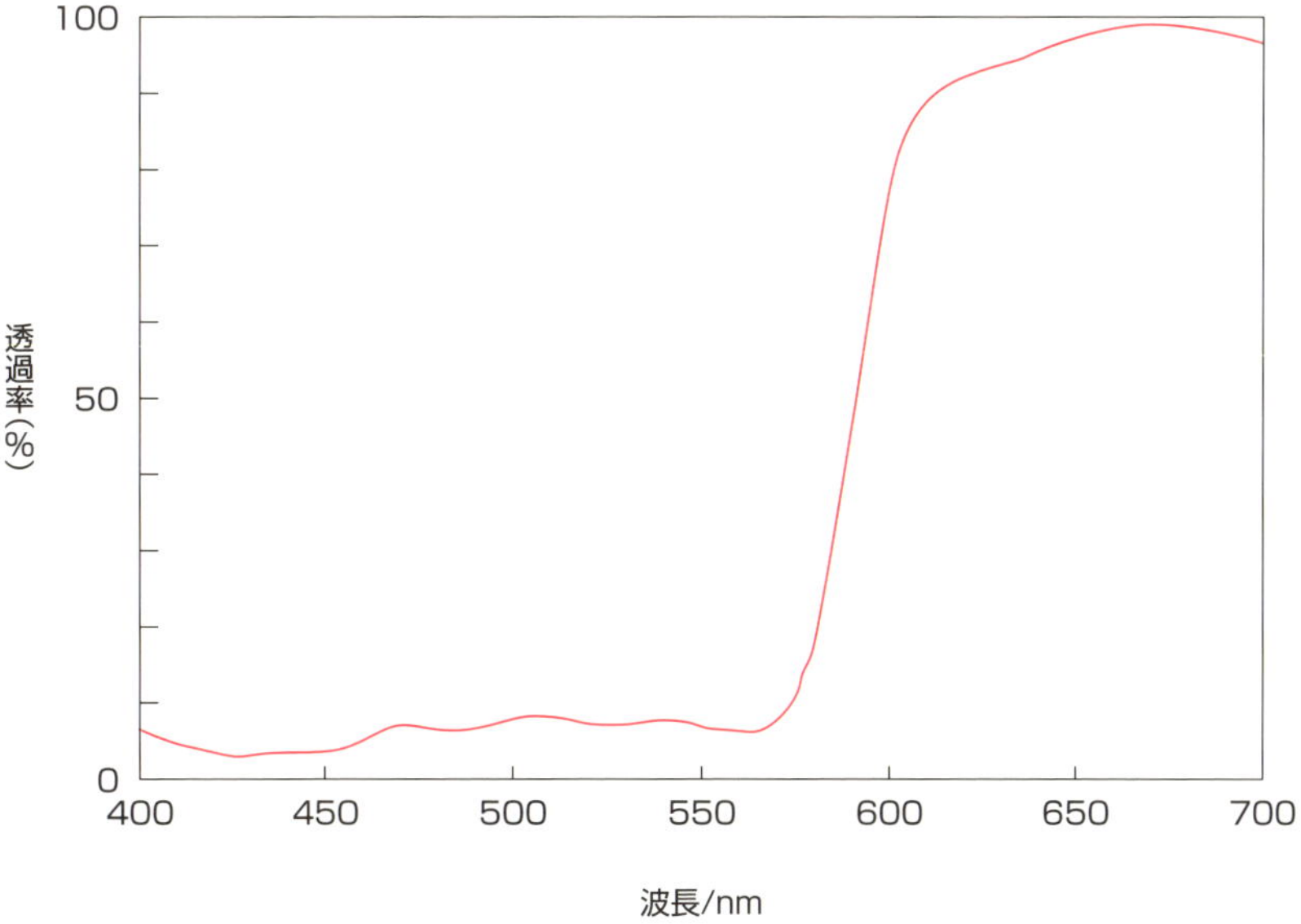

66 電極を染める

有機太陽電池に使われるいろいろな色素

有機太陽電池には、色素薄膜で光電変換をめざすものと、湿式での色素増感で光電変換をめざすものの2種類があります。

色素薄膜型の有機太陽電池としては、フタロシアニン系、金属テトラフェニルポルフィリン系、クマリン系、メロシアニン系色素などを薄膜とするｐｎ接合型色素を用いる太陽電池が知られていますが、いずれも7%程度の低い変換効率しか得られていません。

また、バルクヘテロ接合型という有機薄膜太陽電池も提案されていますが、ｐ型半導体としてはP3HT（ポリ（3-ヘキシルチオフェン））というポリチオフェン誘導体が使用されています。最近では、低分子のバルクヘテロ接合型有機薄膜太陽電池も提案されており、スクアリリウム系色素や結晶性のよい色素が使用されるようになりました。

一方、湿式の色素増感有機太陽電池は、1991年にスイス連邦工科大学のグレッツエルらが提案したもので、2枚の導電性ガラス電極と増感色素、電解質液で構成されています。この電池は、多孔質の酸化チタンを用いたことで表面積が拡大し、11%という高い変換効率を示しました。

色素増感太陽電池の発電の仕組みは次の通りです。はじめに酸化チタン電極上に吸着した色素分子が光を吸収し励起されると、励起された電子が、酸化チタン電極の導電帯へ移動します。電子を失った色素はカチオンとなりますが、電解溶液中のヨウ素イオン（I^-）から電子を受け取り還元され、色素が再生されます。一方、酸化チタン電極の電子は、回路を経て対極に到達し、対極上でヨウ素レドックスの対イオン（I_3^-）が還元され、I^-イオンが再生されます。

この色素増感太陽電池用の増感色素として、ルテニウム錯体系色素、メロシアニン系色素、オリゴチォフェン系色素などの増感色素が開発されています。

要点BOX

- 酸化チタン電極への色素の化学吸着
- 光励起された色素への電解液による還元反応

色素増感太陽電池を構成する材料と発電の仕組み

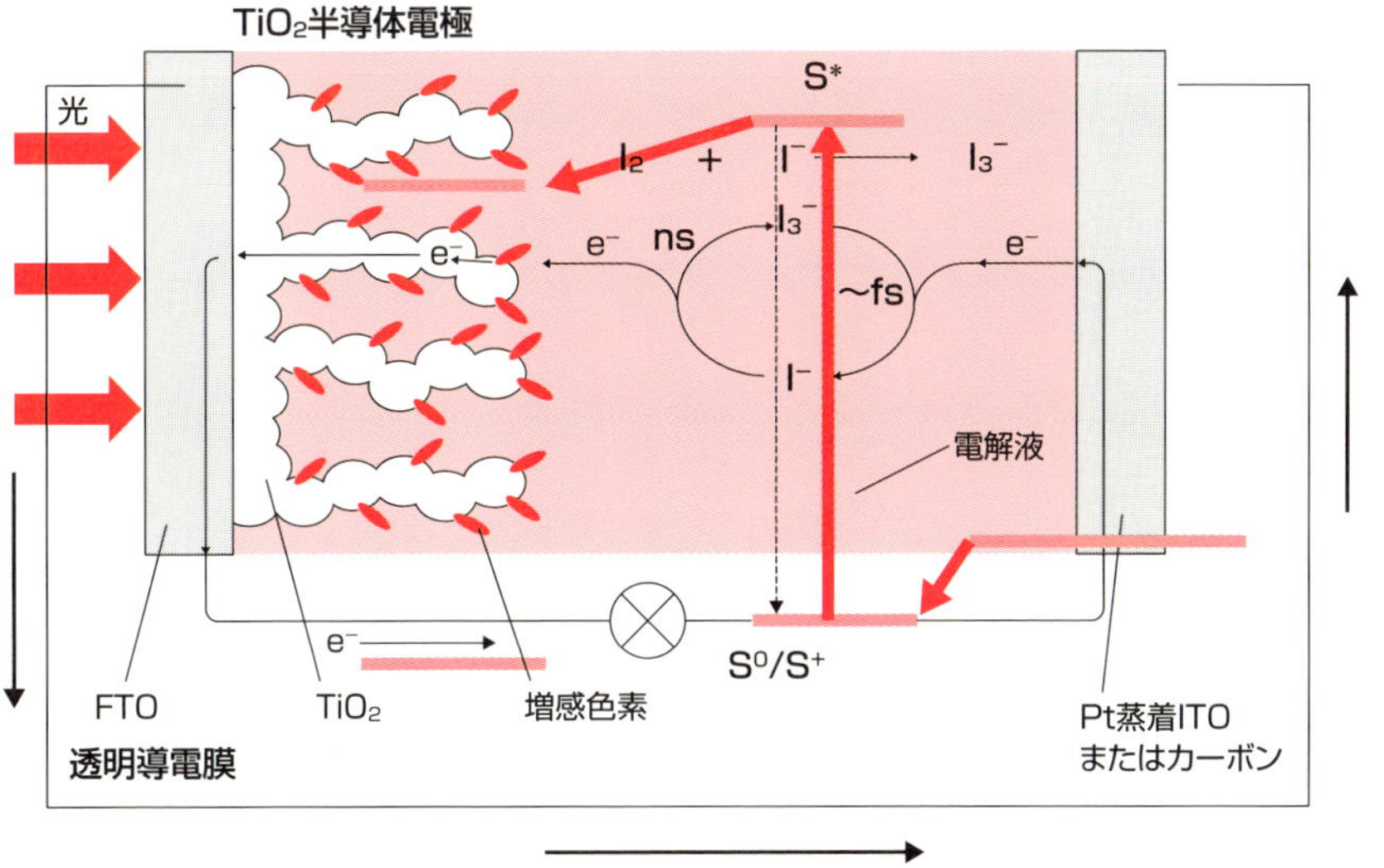

色素増感太陽電池に用いられるいろいろな色素の化学構造

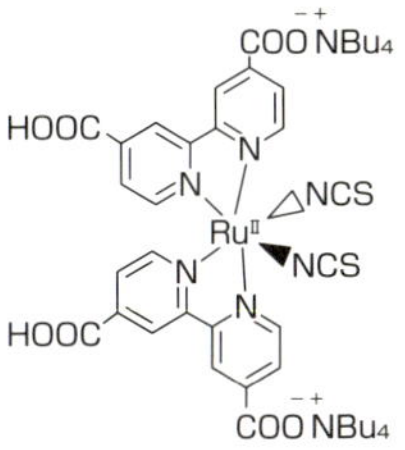

ルテニウム錯体系色素

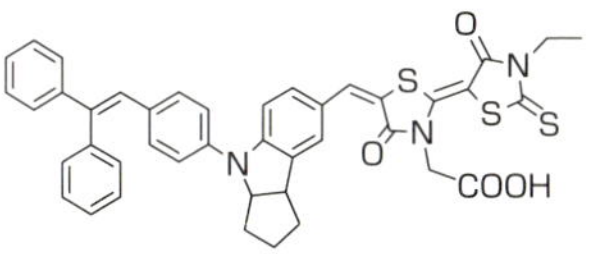

メロシアニン系色素

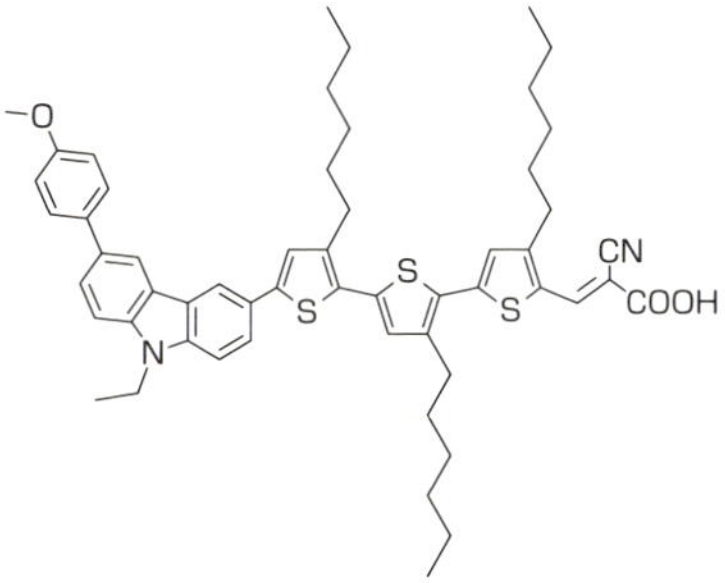

オリゴチオフェン系色素

67 ガラスを着色する

ブラウン管やガラスびんの着色被膜用色素

ガラスを着色するには、ガラス成分に遷移金属イオンを導入する方法とコーティングによる方法が知られていますが、有機のポリマーを使用したコーティングではすぐに剥がれます。そこで、ゾル-ゲル着色法という方法でガラスを堅牢に着色します。

ゾル-ゲル法は、金属アルコキシドのアルコール溶液を用いて、溶液中で金属アルコキシドの加水分解、重合を行なうことで、その酸化物または水酸化物の微粒子のゾルを生成します。さらに、アルコールなどの溶媒の除去により生成するゲル（ゾルがゼリー状に固化したもの）を加熱して、ガラスまたは非結晶の無機材料をバルクやコーティング膜として得るものです。ガラスの新しい着色方法は、このゾルに有機色素を加え、生成する着色ゲルを薄膜とするものです。実際にはディップ法やスピンコート法で塗布します。

得られる着色コーティング膜の特長は、有機色素の選択により種々の透明な着色コーティングが可能となること、1回のコーティングで形成する膜厚は0・1〜0・3㎛の薄膜であること、いろいろな種類のガラスへの着色が容易であることです。

使用される色素には、アルコール-水の混合溶媒に数%程度溶解することや熱処理温度を高くするために高い融点が必要とされます。染料としては、トリフェニルメタン系色素、フェノチアジン系色素、フェノキサジン系色素、フェナジン系色素、キサンテン系色素などの塩基性染料が知られています。有機顔料は、粒子径を25〜50㎚の超微粒子分散することで、使用できるようになります。

これまで、2、5-ジメチルキナクリドン、フタロシアニン、ジケトピロロピロールなどの顔料がゾル-ゲル用色素として使用されてきました。ブラウン管の高画質マスクや反射防止膜、リサイクルに適した着色ガラスびんの着色被膜にも応用された実績があります。

要点BOX

- ●ゾル-ゲル着色コーティングイングによる着色被膜の形成
- ●有機顔料の超微粒子分散技術

ディップ法によるゾル-ゲル着色コーティング

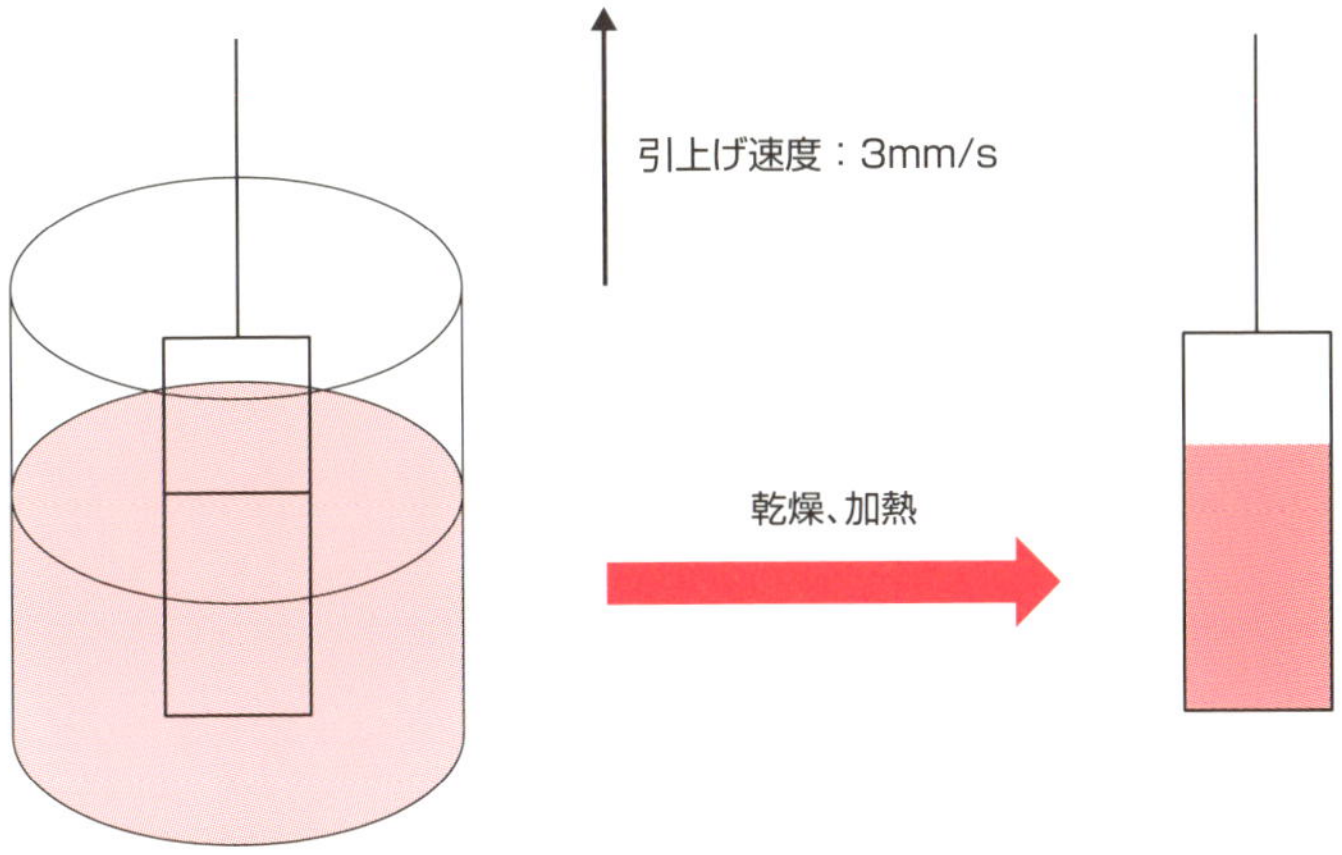

溶液成分：アルコキシシラン、エタノール、水、硝酸、有機色素

ゾル-ゲル着色法で様々な色に着色されたガラスびんの例

ブラウン管に応用されたゾル-ゲル着色による高画質化技術

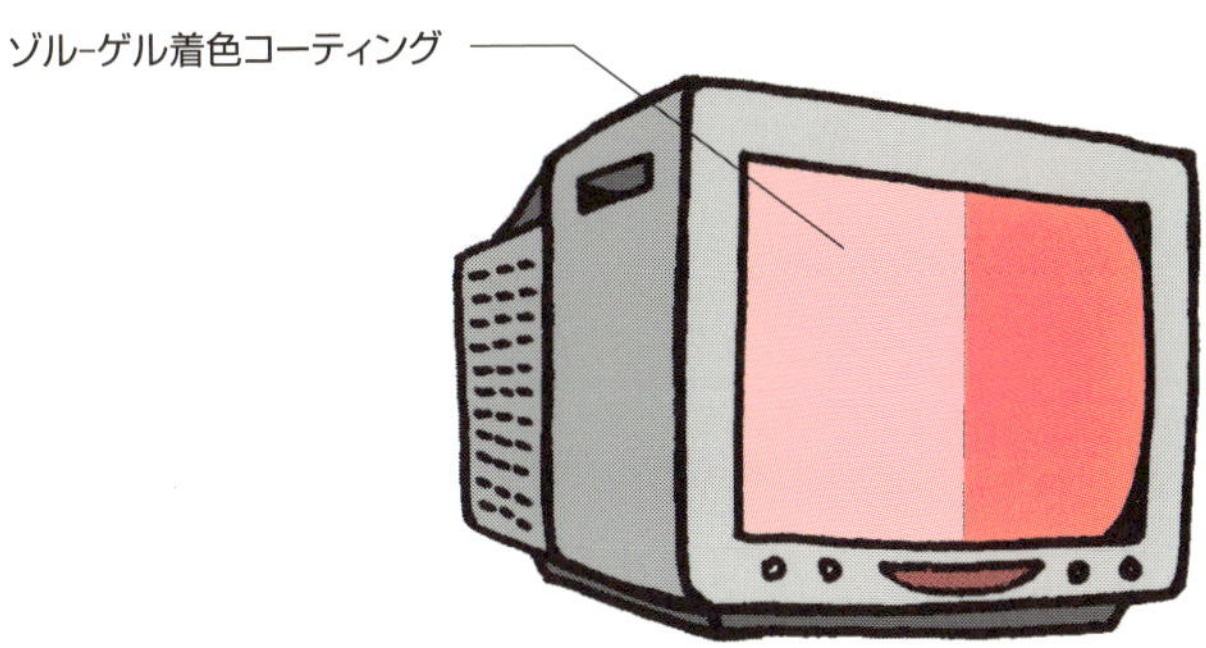

68 生体成分を染める

臨床検査で使われる色素

生体成分の計測や臓器の機能検査のために色素が使用されています。色素を用いた臨床検査には、色素を直接使用する方法と化学反応により色素を生成させる方法があります。

色素を直接使用する方法では、胃、肝臓、腎臓などの機能の検査や血清中の成分の定量のために用いられます。色素としては、インジゴカルミン、アズールAなどが用いられます。また、細胞を染色する生体染色としては、タイパンブルー、カルミン、メチレンブルーなどが用いられています。

化学反応により色素を生成させる方法では、例えば、ベンジジン誘導体はペルオキシターゼ（POD）、過酸化水素の存在下で、容易に酸化されて青色のキノンジイミンを生成します。この反応を利用して、生体中のPODの検出や海水中に含まれる過酸化水素の定量に用いられます。

この他、血清中の鉄、銅、亜鉛、カルシウム、マグネシウムなどの金属イオンの定量のために、呈色反応するキレート剤が用いられます。キレート剤としては、ニトロソアミノフェノール、バソクプロイン、ピリジン系アゾ色素、クレゾールフタレインなどがあり、それぞれ鉄、銅、亜鉛、カルシウムと安定な錯体の色素を形成します。

タンパク質に標識（ラベル化）をつける方法には2種類あります。代表的なラベル化剤は、目的成分を検出するために、蛍光や吸収をもつ色素です。高速液体クロマトグラフィーによる分離や定量、蛍光測定、電気化学的検出を可能とするために、タンパク質と反応する試薬です。アミノ基標識用にフルオレセイン、ベンゾフラザンが用いられ、チオール基標識用には、マレイミドなどが用いられます。

この他、特定のたんぱく質に特異的に取り込まれたときに、蛍光強度が大きくなる蛍光色素も知られています。

要点BOX

- ●共有結合や特異的な色素の取り込みによるタンパク質のラベル化
- ●生体染色と化学反応による色素の発生

蛍光ラベル化剤による特定タンパク質のラベル化

(a)：化学結合による標識

(b)：非共有結合による標識

生体成分の染色に使用される色素

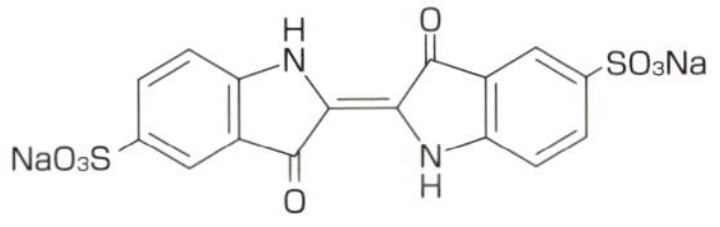

インジゴカルミン

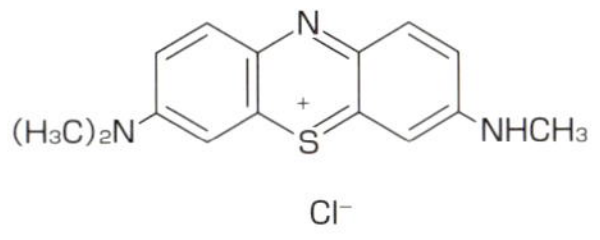

アズールA

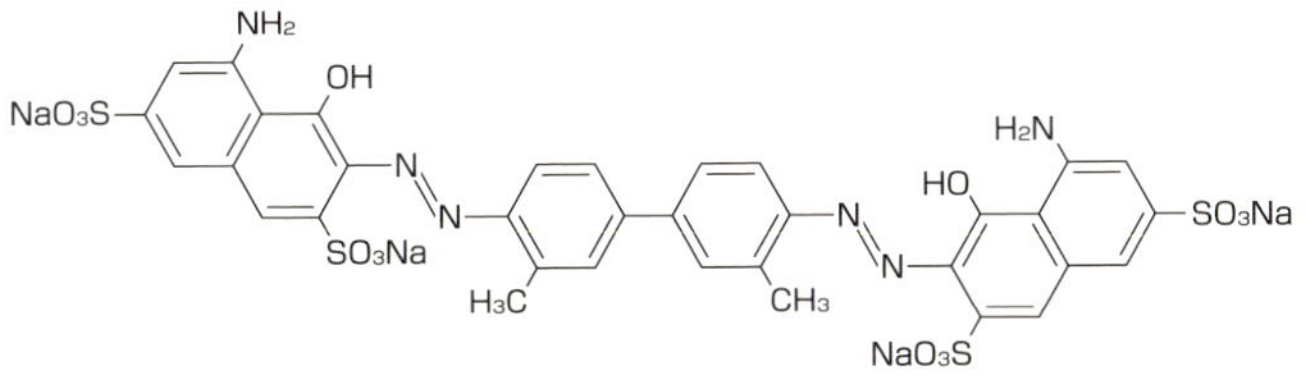

タイパンブルー

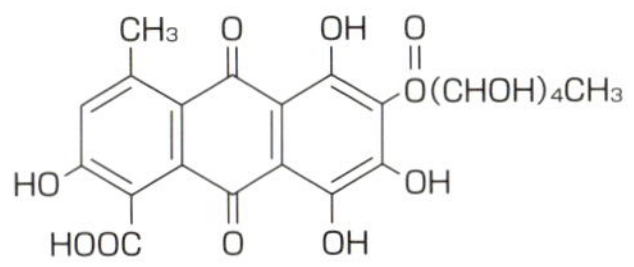

カルミン

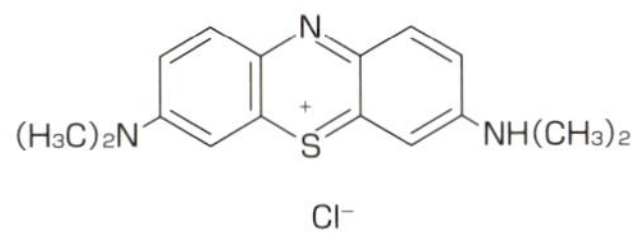

メチレンブルー

Column

記録メディア革命

　１９８０年代、長く世の中で使用されてきたアナログのレコードが、手の平サイズのコンパクトディスク(＝CD)に置き換わり、私たちは技術の進歩、発展を実感しました。その後、記録保存できるCD-Rをはじめ、データ量の大きい画像や映像の保存までできるDVD-Rも開発され、私たちは、今、世界中で様々な情報を個人で自由に記録できるようになりました。

　記録できるCDとしては、当初、CDの特許をもつソニーとフィリップス社が開発したものがありましたが、再生機器との互換性がなく、一般に普及しませんでした。すでに記録された音楽や情報を再生するだけのCDやCD-ROMが一般的だった当時、記録保存できるCD-Rの発明は、研究者や業界に衝撃を与え、光ディスクの市場を根底から変えたといっても過言ではありません。

　従来の記録済みCDが、アルミニウム製の薄膜にあらかじめつけられた微小な凹みによって、光の反射の度合いでデータを読み取るのに対し、CD-Rでは、有機色素を使うことで簡単に凹みを付けることができるようになったのです。これは、近赤外線吸収色素を使用したものです。

　この新しいCD-Rは、当時市販されていたCDやCD-ROMと完全に互換性をもつもので、１９８８年に開発に成功した、株式会社太陽誘電の日本人の女性技術者浜田恵美子さんは、「CD-Rの母」と世界的に認められています。

　その後、コンピューターやインターネット環境の進展にともない、高速データ転送に対応する2〜48倍速記録再生CD-RやDVD-Rが次々と開発され、低価格の大容量記録媒体が極めて短期間に普及し、世界生産枚数が１００億枚以上に達しました。その結果、周辺機器を含めた大きな産業分野が新たに生まれたのです。

　このように、記録メディアの分野では、CD-Rが世界に先駆けて日本で開発され、世界を席捲しました。この功績は、まさしくノーベル賞級であったのです。

【参考文献】

安部田貞治、今田邦彦「解説　染料化学」色染社（1989）

J. Fabian, H. Nakazumi, M. Matsuoka, Chem. Rev., 92, 1197（1992）

加藤俊二「身の回りの光と色」裳華房（1993）

T. Yamaguchi et. al., J. Mater. Chem.,12, 869（2000）

伊藤征四郎総編集「顔料の事典」朝倉書店（2000）

中澄博行「機能性色素のはなし」裳華房（2005）

中澄博行編「機能性色素の科学」化学同人（2013）

日本化学会編「化学便覧　応用化学編　第7版」丸善（2014）

国土交通省　http://www.mlit.go.jp/road

大津元一監修、田所利康、石川謙「イラストレイテッド光の科学」朝倉書店（2014）

光井武夫編「新化粧品学　第2版」南山堂（2001）

小林敏勝、福井寛「きちんと知りたい粒子表面と分散技術」日刊工業新聞社（2014）

福井寛「おもしろサイエンス美肌の科学」日刊工業新聞社（2013）

福井寛「トコトンやさしい化粧品の本」日刊工業新聞社（2009）

江崎正直「色材の小百科」工業調査会（1998）

岡崎英博「自然の色人工の色　その文化と科学」アイピーシー（1993）

相馬一郎「暮らしの中の色彩心理」読売新聞社（1992）

福江純、粟野諭美、田島由起子「カラー図解でわかる　光と色のしくみ」ソフトバンククリエイティブ（2008）

作花済夫「ゾル-ゲル法の科学」アグネ承風社（1988）

索引

今日からモノ知りシリーズ
トコトンやさしい
染料・顔料の本

NDC 577

2016年 2月10日　初版1刷発行
2023年 3月 3日　初版4刷発行

©著者　中澄 博行
　　　　福井 寛
発行者　井水 治博
発行所　日刊工業新聞社
　　　　東京都中央区日本橋小網町14-1
　　　　（郵便番号103-8548）
　　　　電話　書籍編集部　03(5644)7490
　　　　　　　販売・管理部　03(5644)7410
　　　　FAX　03(5644)7400
　　　　振替口座　00190-2-186076
　　　　URL　https://pub.nikkan.co.jp/
　　　　e-mail　info@media.nikkan.co.jp
印刷・製本　新日本印刷（株）

●DESIGN STAFF
AD――――――志岐滋行
表紙イラスト――――黒崎　玄
本文イラスト――――榊原唯幸
ブック・デザイン――黒田陽子
　　　　　　（志岐デザイン事務所）

●
落丁・乱丁本はお取り替えいたします。
2016 Printed in Japan
ISBN　978-4-526-07526-1　C3034

●定価はカバーに表示してあります

●著者略歴

中澄　博行（なかずみ ひろゆき）

1973年　大阪府立大学大学院工学研究科中途退学。同年　大阪府立工業技術研究所 研究員、1976年大阪府立大学工学部 助手、1980年スイス工科大学博士研究員、1991年　大阪府立大学工学部 講師、1994年　大阪府立大学工学部 助教授。1995年より大阪府立大学大学院工学研究科　教授、2010年大阪府立大学21世紀科学研究所　機能性有機材料開発研究センター所長。工学博士。色材協会理事、副会長、近畿化学協会理事を歴任。

【主な著書】

「機能性色素の最新技術」シーエムシー出版（共著）、「機能性色素のはなし」裳華房、「顔料の事典」朝倉書店（共著）、「色彩科学ハンドブック　第3版」東京大学出版会（共著）、「機能性色素の科学」化学同人（共著）、「化学便覧　応用化学編　第7版」丸善（共著）など

福井　寛（ふくい　ひろし）

1974年　広島大学大学院工学研究科修士課程修了。同年　（株）資生堂入社、工場、製品化研究、基礎研究〈粉体表面処理〉などの研究に従事。香料開発室長、メーキャップ研究開発センター長、素材・薬剤研究開発センター長、特許部長、フロンティアサイエンス事業部長、資生堂医理化テクノロジー㈱社長などを歴任。
現在、福井技術士事務所代表。工学博士、技術士（化学部門）、日本化学会フェロー、東北大学未来科学技術共同研究センター客員教授。信州大学地域共同研究センター客員教授。また、山梨大学、近畿大学、千葉工業大学にて非常勤講師として勤務。

【主な著書】

「きちんと知りたい粒子表面と分散技術」日刊工業新聞社（共著）、「おもしろサイエンス美肌の科学」日刊工業新聞社、「トコトンやさしいにおいとかおりの本」日刊工業新聞社（共著）、「トコトンやさしい界面活性剤の本」日刊工業新聞社（共著）、「トコトンやさしい化粧品の本」日刊工業新聞社など
“Cosmetic Made Absolutely Simple” Allured books